绿色低碳城市更新技术

应用案例集

住房和城乡建设部科学技术委员会
科技协同创新专业委员会

组织编写

石永久　主编

中国建筑工业出版社

图书在版编目（CIP）数据

绿色低碳城市更新技术应用案例集／住房和城乡建设部科学技术委员会科技协同创新专业委员会组织编写；石永久主编．--北京：中国建筑工业出版社，2025.2.

ISBN 978-7-112-30830-9

Ⅰ. X321.2

中国国家版本馆CIP数据核字第2025RB3445号

责任编辑：李笑然　牛　松
责任校对：赵　力

绿色低碳城市更新技术应用案例集
住房和城乡建设部科学技术委员会
科 技 协 同 创 新 专 业 委 员 会　组织编写
石永久　主编

*

中国建筑工业出版社出版、发行（北京海淀三里河路9号）
各地新华书店、建筑书店经销
华之逸品书装设计制版
北京圣夫亚美印刷有限公司印刷

*

开本：787毫米×1092毫米　1/16　印张：16¾　字数：315千字
2025年2月第一版　　2025年2月第一次印刷
定价：**86.00**元
ISBN 978-7-112-30830-9
（43950）

编写委员会

支持单位：住房和城乡建设部标准定额司

主编单位：住房和城乡建设部科学技术委员会科技协同创新
专业委员会

参编单位（排名不分先后）：

中国建筑第五工程局有限公司

良业科技集团股份有限公司

湖南建设投资集团有限责任公司

北京首钢建设集团有限公司

河北建设集团生态环境有限公司

上海建工集团股份有限公司

青岛市市政工程设计研究院有限责任公司

青岛第一市政工程有限公司

苏州思萃融合基建技术研究所有限公司

北京建工集团有限责任公司

泛华建设集团有限公司

清华大学石永久教授领衔主编，近期即将付梓出版的《绿色低碳城市更新技术应用案例集》和早先已经出版的《绿色低碳建造技术应用案例集》，均是住房和城乡建设部科学技术委员会科技协同创新专业委员会主持下出版的姐妹篇。

城市更新是将城市中已经不适应现代化城市社会活动和生活起居的地区作必要的、有计划的改建活动。一方面是对客观存在实体的改造，另一方面是对各种生态环境、空间环境、文化环境、视觉环境、文旅休憩环境等的改造与充实的良性延续。

当前，我国的城市发展已进入到了城市更新的重要时期，已经由大规模增量建设转为存量的提质改造或增量建设与存量建设相协调整合的新常态。

根据党的二十大明确提出"实施城市更新行动"指示，住房和城乡建设部迅速扎实有序地推进城市更新工作，不断探索适应高质量发展要求的城市更新的新路径、新模式和新技术，指导各地切实推进实施城市更新行动。

本案例集收集的11个案例都是城市更新项目当中实现经济价值、文化价值、生态价值、品牌价值、服务价值的标杆性工程项目。它们在生态保护、传承文化、产业导入、创新发展等方面均各有亮点。

湖南省长沙市坪塘镇，原为湖南省新生水泥厂采石场。此项目将废弃矿坑打造成湖南文化旅游基地——湘江欢乐城。矿业开发曾为经济发展提供了重要的资源保障，同时也对生态环境造成了不同程度的破坏。随着我国城市更新和绿色发展的推进，如何有效地开发矿山损毁土地的复垦和进行破坏生态的修复，是我国社会未来可持续发展需要解决的重要任务。长沙市坪塘镇这一百多米废弃矿坑是长沙新生水泥厂历时50多年开采遗留下来的，随着时代的变迁，给城市遗留下了巨大疤痕，已与这里的发展面貌格格不入。利用废弃矿坑进行建造，是矿坑遗址修复再利用为主题的大胆构想和尝试。工程建设落实了湖南省工矿棚户区改造和湘江流域治理的工作政策，同时也适用了国家生态文明建设和加强生态修复、城市更新的发展方向，项目汇聚绿色建造、环境保护、高科技应用于一身，同时具有地质复杂、重载大跨、业态叠加等难点。"矿坑生态修复利用工程——冰雪世界项目"针对历史工业发展遗留的城市问题进行修复利用，将采矿遗留的废弃矿坑这个城市巨大伤疤建设成文化旅游乐园，更新了城市面貌，带动了新的产业发展。

北京市亮马河国际风情水岸项目，经过规划、建设、整治，把原先两侧路面非常狭窄、两岸空间被一些硬质护栏和停车场所占据的一条不显眼的小河道，建设打造成了北京市城区旅游新去处和水上会客厅。

湖南省湘潭天易示范区文体公园A、B、C、D、E区主体与景观工程项目为广大市民增加了休闲娱乐的同时，提升了相应基础配套设施，更好地满足了居民日常生活需求。

北京市首钢老工业区改造西十冬奥广场项目在废旧工业厂区创造了工业人文主义回归和园林自然主义渗透的交融空间状态，营造出一座兼具奥运文化和中国文化元素的宜人办公园区。

河北省保定市西大街历史文化街区保护更新项目将由于自然和人为的原因受损的传统风貌街区重新散发光彩，实现历史文化名城保护与文旅产业有机结合。

长三角路演中心项目通过对老旧建筑进行改造，使之成为以路演为链环，融合资本、技术、人才、交易、服务、信息等创新创业要素链的长三角地区跨地区、跨市场、跨要素的创业者向往、投资便利、商品展示充分的功能性平台。

山东省青岛市高新区规划西1号线道路及综合配套工程PPP项目探索污水、雨水重力流管道及燃气管线入廊的可行性，打造出具有全国影响力的"青岛模式"综合管廊示范区。

江苏省苏州市吴江区平望古镇综合提升改造工程项目不搞大拆大建，精细修复古街肌理，并尽可能保留古镇原有生活方式。

北京工人体育场改造复建项目将现代功能与悠久文化有机结合，把承载了北京乃至全国人民三代人的情感和记忆，被誉为"北京最后一个四合院"的老场馆打造成了集"新体验、新商业、新保障、新模式、新基建"为一体的智慧场馆，这是新中国"十大建筑"城市更新的探索，具有划时代意义。

湖北省武汉市北湖污水处理厂及其附属工程项目是一个集绿色、低碳、智能、生态于一体的综合性污水处理工程，不仅解决了武汉市污水处理问题，而且推动了城市绿色循环经济的发展。

河北省保定市高阳县孝义河沿线有机更新与系统提升项目是全过程咨询引领全生命周期建设下，多模式并举与多元主体参与的县域城市有机更新和具有地域化特色的城市更新模式的一次有益探索。

城市更新是提升城市形象的手段，但同时城市更新是一个复杂的系统工程，城市更新工作面临的挑战涵盖了安全、智慧、绿色、治理等多方面的复杂问题，其既有技术层面的，也有社会和治理层面的，所以城市更新工作要有工程思维、社会思维、治理思维，需要协同创新才能完成。

因此，城市更新需按照协同创新的理念，探索多学科、跨领域融通创新，打造智库平台、科创平台、创新人才培育平台和智能建造与制造平台、项目示范平台、国际创新合作平台等协同创新平台。需要运用绿色材料技术、数字技术、智能建造技术、绿色新能源技术等绿色低碳技术，并使其渗透到城市更新的全过程、全产业链、全场景。需要围绕"绿色、数字、产业"三个方向，构建"产、学、研、用、金（融）"深度融合的新型科技协同创新体系，推动创新链、产业链、资金链、人才链、供应链深度融合，为城市更新提供系统解决方案，培育城市更新的新质生产力。

本人高度赞赏和衷心钦佩住房和城乡建设部科学技术委员会科技协同创新专业委员会的专家们，勇立潮头，合力奋进，为中国住房和城乡建设事业，做出了重大贡献，并将继续做出更大的贡献！

许溶烈

2024年12月15日于北京

前言

实现"碳达峰""碳中和"是我国向国际社会做出的庄严承诺，也是实现高质量绿色低碳发展、满足人民美好生活需要的重要途径。城乡建设行业在材料生产和再生、工程建设、设施运维和改造消纳等全生命周期过程中均产生较多的碳排放，为确保完成"双碳"目标，城乡建设行业必须通过创新发展和转型升级，在全行业推广绿色低碳技术，降低碳排放总量，是助力实现"双碳"目标的战略路径。

绿色低碳技术是指经过鉴定、评估的先进、成熟、适用的降低消耗、低碳或近零碳排放、减少污染、改善生态，并促进生态文明建设、实现人与自然和谐共生的新兴技术，包括节能环保、清洁生产、绿色能源、生态保护与修复、城乡绿色基础设施、生态农业等领域。城乡建设领域绿色低碳技术是涵盖建筑和基础设施的规划、设计、建造、运维、消纳利用等全生命周期环节的技术。

为促进绿色低碳科技成果的应用和产业化发展，在"十四五"期间，通过绿色低碳技术产业化体系的创新，实现绿色低碳科技成果的推广应用和产业化。住房和城乡建设部标准定额司委托部科学技术委员会科技协同创新专业委员会组织业内专家开展绿色低碳技术成果产业化体系专项研究。

课题组对住房和城乡建设部科技计划成果及绿色低碳技术应用的典型案例进行了系统调研与梳理，结合行业高质量发展需求，凝练出了系列先进适用的绿色低碳技术和典型案例。

为了促进这些绿色低碳技术更好地传播和推广应用，部科学技术委员会科技协同创新专业委员会拟根据城乡建设领域科技创新的重点技术领域，包括：城市更新与品质提升、城市安全与防灾减灾、智能建造与新型建筑工业化、建筑节能与高品质建筑、美丽乡村建设、城市空间集约利用、城市生态修复、人居环境改善、城镇污染减排与资源综合利用等几个专题，编著出版绿色低碳系列案例集。

《绿色低碳城市更新技术应用案例集》为本系列的第二部。本案例集由绿色技术创新与应用效果显著的城市更新项目组成，包括矿坑生态修复利用工程——冰雪世界项目、亮马河国际风情水岸项目、湘潭天易示范区文体公园A、B、C、D、E区主体与景观工程项目、首钢老工业区改造西十冬奥广场项目、保定市西大街历史文化街区保护更新二期工程项目、长三角路演中心项目、青岛市高新区规划西1号线道路及综合配套工程PPP项目、平望古镇综合提升改造工程项目、北京工人体育场改造复建项目（一期）、武汉市北湖污水处理厂及其附属工程项目、高阳县孝义河沿线有机更新与系统提升项目，共11个项目，涵盖了老旧小区改造、城市空间集约利用、城市生态修复和功能完善、人居环境改善、城市历史文化保护与修复、新型城市基础设施建设、既有园区建筑提升改造、环保节能改造、县域环境提升等类型的城市更新项目。

目　录

1

矿坑生态修复利用工程——冰雪世界项目

第一部分 项目综述

一、项目背景

1.项目概述

矿坑生态修复利用工程——冰雪世界项目位于湖南省长沙市坪塘镇，原为湖南省新生水泥厂采石场。此项目利用该废弃矿坑打造湖南文化旅游基地——湘江欢乐城，项目主要分为室内雪乐园、室外水乐园两大功能部分，总建筑面积为16.8万㎡，工程总投资40亿元。

项目由湖南湘江新区投资集团有限公司投资建设，中国建筑第五工程局有限公司施工总承包，华东建筑设计研究院有限公司设计，浙江江南工程管理股份有限公司进行监理，于2014年7月开工建设，2020年5月竣工。

2.项目历史

矿业开发曾为经济发展提供了重要的资源保障，同时也对生态环境造成了不同程度的破坏。随着我国城市更新和绿色发展的推进，如何有效地开展矿山损毁土地的复垦和破坏生态的修复，是我国社会未来可持续发展的重要内容。长沙这一百米深矿坑原本是长沙新生水泥厂，历时50多年开采遗留下来的，随着时代的变迁，这个巨大疤痕已跟该地的发展面貌格格不入。利用废弃矿坑进行建造，是矿坑遗址修复再利用为主题的大胆构想和尝试。工程建设适应了湖南省工矿棚户区改造和湘江流域治理的工作政策，同时也符合国家生态文明建设和加强生态修复、城市更新的发展方向，项目汇聚绿色建造、环境保护、高科技应用于一身，同时具有"地质复杂，重载大跨，业态叠加"的工程难点。

二、项目难点

1.设计理念

（1）采用地景式谦逊设计手法，将建筑隐藏于百米矿坑之中，打造地平线以下建筑奇迹。整体建筑形象宛若从矿坑崖壁生长出来一般，生动流畅的线条犹如贯通崖壁的水幕。项目采取保护、改造、更新、修复四种设计策略，最大程度保留了矿坑原始风貌，实现了矿坑生态修复利用的设计理念。

（2）利用矿坑遗址进行生态重构，构建自然遗产与主题乐园有机结合的人文景观。项目利用工矿遗址独特的历史文化价值与景观独特性，满足南方人对冰雪项目的向往，将片区打造成"生态、文态、业态、形态"四态合一的人与自然互惠氛围，实现产业赋能的价值提升。

（3）建筑结构利用既有矿坑岩壁协同承载设计，充分发挥矿坑地形的独特优势。通过建立深坑建筑与矿坑岩壁相互作用的多点滑动支承约束结构体系，增强结构的侧向稳定性，同时释放结构与岩体之间的水平约束，实现项目建造与矿坑修复的有机结合。

（4）建筑坐落于矿坑之上，重载作用下高陡岩溶边坡的加固与修复难度大。岩壁具有两类不良地形、地质，即高陡边坡和岩溶。矿坑边坡岩溶发育，岩溶体积大小形状各异，充填和次生充填溶洞区域导致其力学参数存在不确定性。

（5）项目高大空间结构为大跨且承受重载，深坑建造难度大。项目处于矿坑特殊环境下，大方量混凝土高质量向下垂直输送百米，中部巨型混凝土平台梁距离坑底60m高，屋顶钢结构单榀桁架超千吨，确保重载大跨建筑高效、安全、经济建造是项目亟待解决的难题。

（6）工程业态繁多，雪水垂直叠加，能源综合利用难度大。在长沙冬冷夏热地区建设地下室内滑雪场，室内温度需要常年维持在-5～-3℃。与此同时，该项目整体造型复杂，保温节能构造处理的关键节点数量多、难度大，如何利用深坑环境特点解决百万立方米空间低温场所的保温节能是需要解决的难题。

2.项目改造对比

工程建成后带动区域经济蓬勃发展，产生综合经济效益5亿元，创造直接就业岗位3000个，间接就业岗位2万个。项目秉承"低影响力开发"理念，实现幸福人居生活，成为城市高品质发展的新引擎，是促进城市更新和绿色发展的典范工程。

（1）考虑热辐射及散热面积对滑雪建筑节能的不利影响，设计严格控制建筑体型系数，采用体型系数小于0.1的椭圆形作为滑雪建筑形体。

（2）利用崖壁保护建筑东、西、北三面免受太阳辐射，崖壁保护长度占周长的70%；南向高反射幕墙阻挡30%界面直射光线。

（3）水区垂直叠加于雪区屋顶之上，成为天然隔热屏障，大大缩减了后期运营能量消耗。

（4）雪区保温经专项论证，采用高性能金属夹芯板材料，并在保温材料与建筑维护结构之间设置空气腔体夹层，形成天然的绝热间层，提升了建筑整体保温性能。

（5）项目集中设置燃气三联供系统，能源梯级利用高效，节约运维投入；雪区热泵系统采用冷凝热回收；经测算每年可节约标煤1290t，减少二氧化碳排放5085t。

（6）利用矿坑天然的蓄水功能，收集矿坑周边雨水及矿坑裂隙水，汇入矿坑后通过设置集水槽、水泵及水处理机房，经处理达标后用于坑底补水、工艺补水及冷却塔补水等；利用市政中水管网，进行室外绿化浇灌、水景补水、地下车库及总体道路地面冲洗等，大大提高了水资源利用，年节约水资源约20万t。

第二部分　工程创新实践

一、管理篇

1.组织机构

1）建设模式

项目整个片区投资额为120亿元。湖南湘江新区投资集团有限公司作为本项目的开发建设主体，负责完成项目的征地拆迁、安置补偿、规划设计、报建报批、工程监理、招商和土地出让等工作，投资额约为80亿元。中国建筑第五工程局有限公司中标后出资成立项目公司，负责本项目融投资、建设管理工作，投资额约为40亿元；成立项目指挥部进行现场总体协调、督促。

2）项目管理模式

项目采用总包管理层与项目管理层两个层面进行管理，编制总包管理办法，总包与分包签订总包管理协议。

2.重大管理措施

（1）建设单位按照"两型社会"的建设要求，以实现生态修复提质为核心，过程监督高标准、严要求。

（2）设计单位践行生态修复、绿色发展设计宗旨。

（3）监理单位采用"点对点"管理模式，充分发挥专业化管理的优势。

（4）施工单位着力绿色建造，以科技创新为抓手，加强过程质量管理，提高工程品质，实现工程一次成优。

3.技术创新激励机制

针对在项目建造过程中产生的科学技术奖、知识产权、技术标准、科研论文和科技著作、工法、BIM奖项、科技成果评价进行奖励，编制奖励办法，提升科技人员的积极性，大大提高科技的支撑能力。

二、技术篇

依托矿坑生态修复利用工程——冰雪世界项目，以百米废矿坑修复利用过程中的"生态修复、深坑建造、绿色低碳"为研究路线。在研究与应用过程中创新了废弃矿坑生态重构的设计新方法，构建了建筑结构与岩壁协同承载的结构新体系，攻克了喀斯特地质环境岩壁承载的稳定性问题，研发了矿坑岩壁微扰动修复加固技术，提出了大型室内滑雪场保温节能方法，解决了深坑环境重载、大跨建筑的建造技术难题，多项技术填补了国内外矿坑修复建造的空白。

1.创新了百米深废弃矿坑"生态修复、更新利用"的设计理念

1）提出了废弃矿坑"保护、改造、更新、修复"的设计新策略

设计基地为工矿棚户区遗留的废弃矿坑[图1.1（a）]，为保留原有地势地貌，修复好"城市伤疤"，并利用好其独特的优势，设计摒弃以"填埋式"的处理方式掩埋矿坑，而是突显"疤痕"的独特和壮美。建筑设计首次采用地景式的谦逊手法，将主体建筑隐藏于地面以下、悬浮于矿坑之中[图1.1（b）]。整体建筑形象宛若从矿坑崖壁生长出来一般，生动流畅的线条犹如贯通崖壁的水幕，构建出与自然遗产有机融合的人文奇观。

项目将工业遗址保护与环境生态修复相结合，为工业废弃地环境与功能更新提供新的可能。采用生态修复及功能植入的方式在保护工业遗址的同时，将废弃矿坑转化为"生态、文态、业态、形态"四态合一的文旅项目。从尊重区域自然环境、保护矿坑自然形态出发，将庞大的主体建筑"悬浮"于矿坑口部，巧妙构建建筑与环境的有机生长关系。大胆尝试以垂直叠加的方式，突破性地解决了可建设用地紧张带来的布局受限问题，又使上部水区成为室内雪区的天然隔热屏障，为后续节约

运维能耗提供了有利条件。

以保护矿坑内自然水体及微生态环境为出发点，高效利用矿坑在不同标高的垂直地势关系，将庞大的建筑体通过消失的手法隐藏于地平线以下，建筑与自然环境融为一体，赋予了矿坑新的生机活力。为最大限度地保留矿坑原始风貌，提出了"保护、改造、更新、修复"的设计策略，因地制宜、合理处理矿坑修复及加固设计。非面客区：无加固需求区域采取保护策略，有加固需求区域采取改造策略；面客区：无加固需求区域采取更新策略，有加固需求区域采取修复策略。

（a）原始矿坑　　　　　　　　　　　　（b）建筑位于地平线以下

图1.1　原始矿坑及主体建筑

2）构建了建筑结构与矿坑岩壁协同承载的设计新体系

项目主体结构通过竖向构件及各楼层周圈与坑壁相连，利用矿坑岩壁进行协同承载。目前，多种研究手段已对岩壁的破坏准则、应力应变特性以及工程受荷表现开展了研究，而在实际工程活动中，对于岩质边坡稳定性的研究，不仅仅在于其自身的稳定性，工程荷载作用下岩质边坡变形稳定性分析同样重要。

（1）建立结构与岩壁协同作用及互馈模型。依据项目结构建立计算模型，主体区域下卧矿坑平面几何形态近似为长轴240m、短轴160m的椭圆形，将不规则的矿坑平面形态近似成折线段开展竖直模拟，并假设坑底为平面（图1.2）；主体建筑下卧假定为相同的坡面形态，四级放坡。经试算得到，设置的模型边界远离施工区域，不受施工产生的扰动作用；场地土地表边界不受约束，侧向四个边界可沿竖向变形，不能产生法向位移，底部边界面为固定，不产生位移。

（2）开展建筑结构与矿坑岩壁协同承载及互馈机理分析。自然状态下矿坑岩壁蠕变，经过长期变形稳定后的矿坑自稳变形云图如图1.3所示。在无工程施工的情况下，矿坑坡面及坑周土体的最大位移值为12.62mm，以向上的隆起为主，伴随着少量的侧向位移，且基本发生在上部杂填土和粉质黏土层内，下部岩体基本无变形。对于施工扰动下矿坑岩壁变形（图1.4），该阶段中土体的大变形区域集中在上

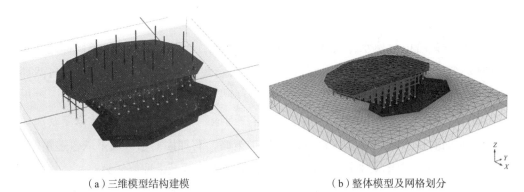

（a）三维模型结构建模　　　　　　　　　　（b）整体模型及网格划分

图1.2　三维有限元模型

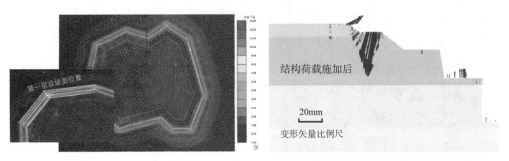

图1.3　矿坑自稳变形云图　　　　　　　　图1.4　受施工扰动后土体位移矢量图情况

层坡面岩壁与基础接触位置，而柱、基础与下部岩石的接触部位也出现了少量的土体变形，但由于灰岩良好的力学性质，岩体的变形量保持在较低水平，而右侧非施工区域基本无岩土体变形。重置前期自然坡面产生蠕变变形后，由岩壁处理以及基础施工产生的岩土体最大位移为19.31mm。

（3）结构荷载对岩壁影响作用研究。模拟上台阶承受的结构荷载对下台阶的岩体、结构产生受力变形影响。通过上台阶基础承受由柱传来的竖向荷载并传递至支护过的岩土壁时（图1.5），上台阶发生了大幅度下沉，造成岩壁斜面发生少量的侧向变形以及竖向变形（图1.6）。

（4）岩壁变形对结构的影响作用研究。为研究岩体变形情况对结构应力及应变的影响，通过对局部上台阶施加面位移，模拟局部台阶由于过大荷载产生的大变形下沉，探索此过程中局部区域结构受力变形情况。发生局部大变形之后，支承在局部初台阶以及相邻两级台阶上的柱体发生的位移大幅增长，涨幅最大达到了247%。下沉的台阶与相邻台阶上的结构受影响程度较大，轴力急剧增长，发生大变形，会对基础以及支承结构的稳定性造成严重不良影响。

3）建筑结构与矿坑岩壁相互作用的多点滑动支承约束体系设计

以建筑结构与矿坑岩壁协同承载与互馈机理研究为基础，建立了深坑建筑结构

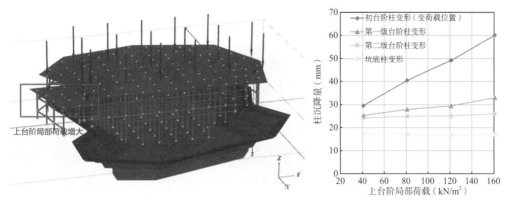

上台阶局部荷载增大

图1.5　工况荷载分布情况　　　图1.6　上台阶荷载变化引起的各级台阶结构变形

与矿坑岩壁相互作用的多点滑动支承约束结构体系（图1.7、图1.8），增强了建筑结构的侧向稳定。通过对温度及地震作用下结构与岩壁多点滑动支承的分析，研发了重型结构与岩体间限位滑动的支承装置，释放结构与岩体之间的水平约束，解决温度及地震作用下结构与岩壁相互制约破坏的设计难题，创建了矿坑结构与岩壁协同承载的新型结构体系。

图1.7　主体结构与岩壁连接整体模型　　　图1.8　结构与岩壁多点滑动支承

通过开展岩壁与矿坑建筑结构协同承载的互馈机制研究，建立了建筑结构与矿坑岩壁协同作用的互馈分析方法，确定了承载力变化对支承建筑结构稳定性的影响，揭示了建筑结构受力与变形的演变规律以及建筑结构对岩壁荷载的传递机制；提出了建筑支撑结构渐进式破坏的风险评估方法；构建了考虑"岩壁变形–支座位移"及"结构突变–岩壁承载变化"协同作用的结构体系设计方法，结构承载能力提高了30%。

2. 创新了矿坑重载大跨结构"因地制宜、深坑筑造"的建造技术

1）研发了矿坑岩溶发育边坡微扰动加固与生态修复技术

矿坑基岩为灰岩，岩层产状较为平缓，节理裂隙发育、岩溶作用发育，局部发

育有溶洞及溶沟（槽），导致基岩面起伏很大。矿坑岩壁岩石裸露，岩面破碎，顶部有黏土、杂填土覆盖。为有效地对矿坑进行修复，且充分利用矿坑地形地貌资源，确保矿坑侧壁的稳定，须对矿坑进行治理加固。

（1）针对岩溶地区破碎矿坑岩壁稳定性差的问题，提出了控制爆破造成的岩体损伤范围的确定方法（图1.9），建立了爆破开挖损伤范围和深坑岩壁边坡的稳定性之间的关系，提出了深孔爆破、预裂爆破及浅孔爆破相结合的微扰动爆破方法，控制了边坡坡面质点振动速度。通过现场爆破振动监测，测得边坡坡面质点最大振动速度为2.35cm/s，小于允许值5cm/s，实现了岩溶裂隙发育的矿坑岩壁边坡微扰动精细修复要求。

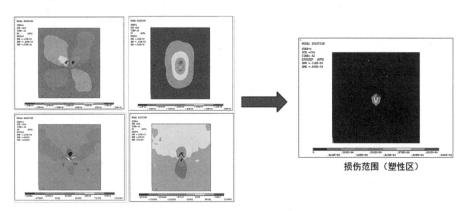

图1.9　爆破影响范围分析

（2）提出了基于BIM的三维地质模型预判溶洞分布技术指导矿坑加固。岩溶地区受地质作用影响，岩溶裂隙发育，边坡加固成孔率低，利用超前地质雷达扫描成像及锚索原位孔试验获取各地层和特殊地质的参数及分布状况（图1.10），结合激光地形扫描建立三维地质模型（图1.11），将地下地质情况可视化，确定了地层和特殊地质的空间分布规律。在实施过程中动态更新地质模型，针对不同的地质情况，细化加固工艺，更加有效地对岩溶地区岩溶裂隙发育的矿坑岩壁边坡进行加

图1.10　超前钻钻孔布置　　　　　　　　图1.11　三维地质模型

固，使其稳定性和承载力达到允许要求。同时利用三维地质模型对岩壁边坡加固进行模拟施工，合理选择加固工艺，提前做好施工部署，加快施工进度。

（3）开发了成套复杂岩溶地质超深陡峭岩壁超长锚索成孔技术。采用综合预注浆处理技术，根据不同地质情况采用单、双液浆进行水平、竖向综合预注浆处理，提前对岩体内溶洞、溶槽进行填充；发明了一种自扶正防缩孔锚索成孔装置，钻进过程中保证钻头受力平衡，防止在钻进溶洞时发生掉钻、卡钻现象；提炼了逐级跟管成孔施工技术，解决了在复杂岩溶地质60m超长锚索成孔难题。研发了一种滑动式测斜仪进行成孔后孔斜检测，保证成孔角度符合设计要求，实现了重载作用下边坡的精准加固。

（4）针对矿坑岩壁覆绿难度大的问题，研发了在混凝土及岩石表面快速营造生态的苔藓覆绿技术及快速恢复植被的方法。从基质层、植被选择两方面入手，基质层要求可以同混凝土及岩石有效地连接，可以提供植被生根必要的养分条件，并且不对环境造成污染；植被选择生长速度快、抗寒能力强、适应暴晒、耐旱的物种，并且能够适宜其他高等植物的生长。研制了一种苔藓专用定植胶，配合整块苔藓覆绿（图1.12），解决了植被在混凝土基底以及岩石表面上成活的问题。该胶可以牢牢附着在混凝土及岩石表面，为苔藓生长提供养分，且可自然降解，解决了常规覆绿植物前期养护要求高、成活率低的问题。苔藓作为一种先锋植物，适用于粗放式管理，成活率高，更稳定，适用面广，并能加快植物群落的演替，快速呈现出景观效果，解决了边坡高耸陡峭、地势起伏不定的复杂工况斜面覆绿施工的难题（图1.13）。

图1.12 整块苔藓覆绿

图1.13 岩壁苔藓覆绿效果

2）开发了百米深坑强约束条件下混凝土高质量控制技术

冰雪世界项目坑底施工区域深达100m，且最远施工位置距坑边缘达260m。而高落差、长距离向下输送一直是混凝土施工中的难点，极易出现效率低下、安全风险高、堵管、爆管、混凝土离析等问题，要解决这些难题，必须依据深坑地形地貌及施工场地实际情况，全面分析，进而制定出科学、安全、高效的输送方案。关于输送方案的选择与设计，将主要围绕主管道布设方案、实体装置的实现方法、保证混凝土入模质量等几个方面展开，最终选定的输送方案及技术措施也将满足安全、高效和质量保证的要求。

（1）通过不同落差、管径、坡度的混凝土管道溜送试验，开发了一套百米级深坑大落差向下输送混凝土溜管装置（图1.14）。该装置通过岩壁设置钢筋锚杆、焊接支撑角钢和钢爬梯、设计安装溜管管件（图1.15）、焊接进出口料斗等技术工艺，并通过喷水管保湿、主溜管末端设置缓冲装置（图1.16）及二次搅拌等措施保证混凝土输送的安全及入模前的质量稳定。整个输送管道结构简单，设备造价及使用成本低。相比较传统泵送混凝土，溜管输送混凝土效率高，未出现传统泵送过程中堵管、拆管的情况，施工过程节电、节水、噪声小，绿色环保。

图1.14　溜管沿岩壁布置　　　　图1.15　溜管管件　　　　图1.16　缓冲装置

（2）通过对不同等级混凝土溜送性能的分析，提出了大落差溜送条件下高性能混凝土最优配合比，建立了"大落差溜送+二次搅拌+泵送"的深坑混凝土输送方法。普通基准配合比对应的C60P10和C40P10混凝土初始状态良好，但溜送后出现离析、骨浆分离现象，工作性能及后期力学性能均下降严重，无法满足工程要求，故研究了沿陡峭崖壁大落差溜送条件下高工作性能、高强度混凝土配合比，从粗骨料级配、外加剂、含气量、配合比及浇筑工艺等方面进行改善（图1.17～图1.19），并且研制开发了混凝土抗离析性与黏聚性检测装置，以定量分析混凝土抗离析性能，解决了大落差高性能混凝土输送容易堵管、爆管及离析大的问题，实现了百米深坑混凝土高质量快速输送。

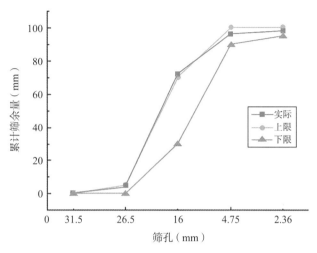

图1.17 碎石粒径级配优选

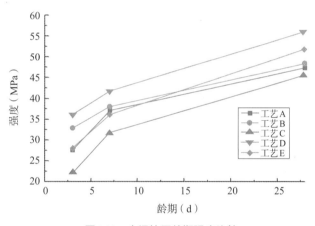

图1.18 水泥抗压龄期强度比较

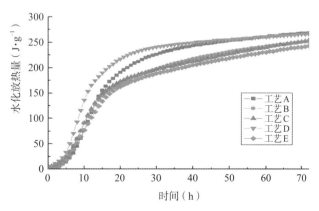

图1.19 水泥的水化放热量曲线比较

3）建立了考虑与结构共同作用的高大支撑体系设计理论与实践方法

项目主体重载平台梁近似一个尺寸为180m×220m的椭圆，由主次梁组成，主梁基本跨度为48m，最大跨度达到61m，距离坑底高度约60m，梁截面尺寸大。因此工程支撑体系的重点、难点主要有以下几个方面：（1）平台距离坑底高，到坑底最大高度可达到60m，对支模体系的选择和搭设要求非常高，必须保证其搭设的稳定性和可操作性。（2）平台混凝土梁跨度长、截面大、数量多，其中混凝土箱形主梁自重最大达到每米17t，对支撑体系的承载能力要求非常高。（3）坑底部位的面积为1.5万m²，而平台的面积为2.8万m²，结构形式为上宽下窄的喇叭口，且坑壁十分陡峭，部分支撑体系落在坑壁上面，支撑体系设计及施工处理难度非常大。

针对深坑内重载大跨混凝土梁的支模困难问题，构建了施工期已浇筑的混凝土结构与支撑结构共同承载的理论（图1.20），提出了考虑支撑结构与建筑结构共同作用的支撑体系设计方法，利用已完成的建筑结构层与支撑结构共同受力承担下一层混凝土的浇筑荷载，建立了混凝土梁叠合浇筑支撑体系（图1.21）。通过应用格构柱＋贝雷梁的支撑体系设计（图1.22），解决了深矿坑内60m高重载大跨混凝土梁的高支模难题，保障了支撑体系的安全性，节约了大量支撑结构材料，实现了经济建造的目的。

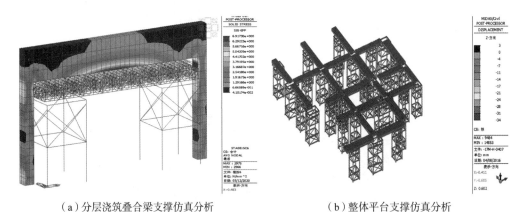

（a）分层浇筑叠合梁支撑仿真分析　　　　　　（b）整体平台支撑仿真分析

图1.20　高平台大跨度巨型梁支撑体系设计仿真分析

4）提出了深矿坑重型钢结构高精度控制背拉式液压提升方法

工程屋盖钢结构主要由主桁架、次桁架和环桁架组成。在主结构平台上的钢屋盖高度达38m，桁架最大跨度为78m，主桁架截面高8m。主桁架为空间四角桁架，杆件截面为矩形。基于本工程特殊的地理条件和结构特点，屋盖安装就位采用"分段提升"的安装方法进行。

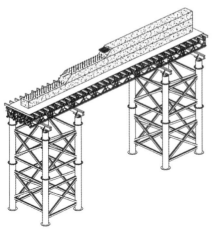

图1.21　混凝土梁叠合浇筑支撑体系

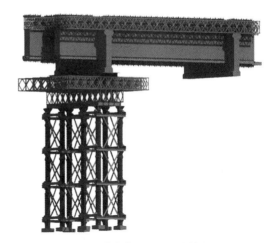

图1.22　格构柱＋贝雷梁支撑体系

在钢屋盖提升的过程中，需要解决一系列技术难点，包括大跨度钢结构提升控制技术、提升支撑钢柱变形控制技术难点等。为解决上述提升施工技术难点，在实际施工前对提升施工全过程工况进行虚拟安装及模拟分析。基于钢屋盖提升施工过程的模拟分析结果，针对可能出现的施工问题，制定具体的应对方案。

（1）提出了巨型钢桁架虚拟预拼装的高精度控制方法。矿坑屋盖重型钢结构桁架采用原位拼装–液压提升的安装方法，基于项目的特殊环境，桁架杆件均为小分段运输至原位平台，经现场拼装成整体桁架后进行液压提升安装。提升过程中对桁架与两端牛腿对接的间隙要求为（30±5）mm，间隙过大导致焊接宽度过宽形成薄弱点，间隙过小导致桁架与牛腿冲突无法安装。拼装过程中先进行虚拟拼装（图1.23），再对现场拼装的各杆件进行扫描（图1.24），通过扫描数据建立坐标模型，与理论模型进行对比，及时发现并纠正偏差，保证了桁架拼装精度。

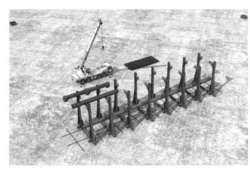

（a）弦杆模拟拼装

（b）桁架整体模拟拼装完成

图1.23　钢结构桁架虚拟拼装

（2）提出了矿坑重型钢桁架背拉式液压提升安装方法（图1.25、图1.26），通过

（a）弦杆现场拼装

（b）桁架整体现场拼装完成

图1.24　钢结构桁架现场拼装

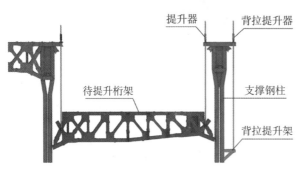

图1.25　主桁架背拉式液压提升模型图

图1.26　主桁架背拉式液压提升现场图

背拉式液压提升有效控制钢结构提升过程中对支撑产生的侧向变形。具体原理如下：在柱身另一侧施加荷载，与提升吊点一侧的提升荷载相互平衡，抵消支撑钢柱的单向变形。平衡荷载由钢柱另一侧上部吊点和下部柱脚对拉产生，即在与提升吊点对称的一侧反向背拉，产生与提升荷载平衡的荷载，保证钢柱受力均衡，使水平位移减少32mm，实现了重载大跨钢结构的高精度安装。

3.创新了因势利导矿坑环境下"绿色低碳、节能环保"的运维方法

长沙冰雪世界是利用废弃矿坑改造的，是世界上唯一悬浮于深坑中的冰雪项目。位于地下36m处，常年保持−5℃气温，其面积达26000m²，分为娱雪区、滑雪区和休闲区，最大游客容量可达2000人，日接待最大客流量为3000人次。针对冬冷夏热地区大型室内冰雪场如何进行节能保温是项目的重难点。

1）提出了利用深矿坑建造半地下空间室内滑雪场的节能方法

（1）提出了大型室内滑雪场利用天然矿坑岩壁进行保温的节能方法，并利用水区垂直叠加于雪区屋顶之上，成为天然隔热屏障。通过对室内滑雪场的负荷计算，地下、地上建筑能耗和制冷能耗的分析比较研究，以及现场数据监测（图1.27～图1.30），得到地下建筑的全年能耗比地上建筑的全年能耗降低7.87%左右，总体

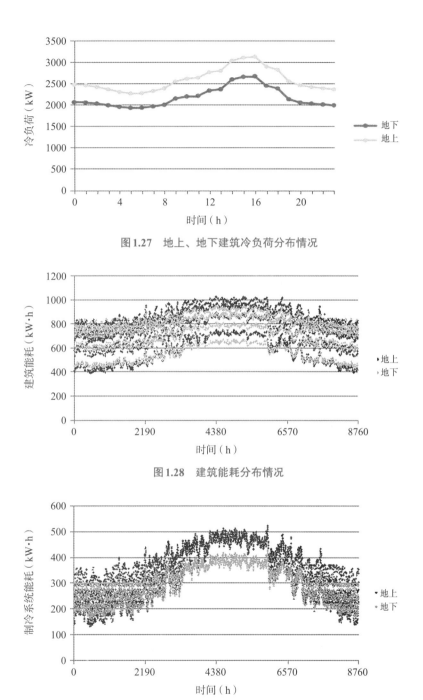

图1.27 地上、地下建筑冷负荷分布情况

图1.28 建筑能耗分布情况

图1.29 制冷系统能耗变化情况

节约了大约23万kW·h的电能，为地下空间建筑的节能设计提供了依据。

（2）提出了利用矿坑天然优势减少太阳辐射的节能方法。考虑热辐射及散热面积对滑雪建筑节能的不利影响，采用体型系数小于0.1的椭圆形作为滑雪建筑形

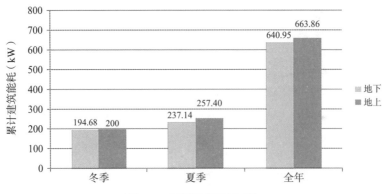

图1.30　不同季节能耗对比

体；主体建筑呈半地下空间形态，利用崖壁保护建筑东、西、北三面免受太阳辐射，建筑周长为655m，崖壁保护长度达465m，占周长的70%；设置高反射幕墙以阻挡南向30%的界面直射光线（图1.31）。加强自然通风，室内雪区顶部及侧面与岩壁之间存在天然腔体（图1.32），因势利导组织各单体建筑通风条件，降低维护结构表面温度，有效降低运营期间建筑能耗。经测算，每年可节约标煤1290t，减少二氧化碳排放5085t。

图1.31　半地下空间日照分析

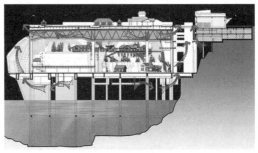

图1.32　矿坑建筑自然通风

2）研发了冬冷夏热地区大型室内滑雪场冷桥阻断技术

室内滑雪场是一个多业态并存的室内低温空间。不同业态之间的衔接点均为保温及气密性的薄弱点，若没有滑雪场保温系统二次深化经验，对衔接处的认识不到位，会直接导致后期运营能耗的增加。从材料选型、顶棚气密性构造设计、外墙空腔构造设计、防排烟口构造设计关键技术、特殊节点的处理等方面，总结出一套适用于大型室内保温板施工的关键技术。

项目百万立方冰雪空间保温采用高性能金属夹芯板材料，在保温材料与建筑维护结构之间设置空气腔体夹层，形成天然的绝热间层，提升了建筑整体保温性能。创新了超长保温板无纵缝隐式固定构造设计（图1.33）、无托梁空腔构造设计（图1.34）、缓冲式防排烟口节点构造设计，形成了成套大型室内滑雪场冷桥阻断技术，解决了大型室内滑雪场气密性差、室内外能量传导效应快、内外冷热环境对滑雪场保温影响大的问题，实现了冬冷夏热地区大型室内滑雪场的节能保温效果。

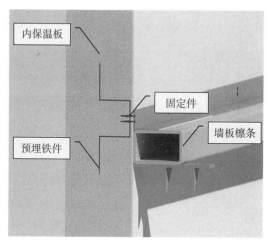

图1.33　无纵缝隐式固定构造设计

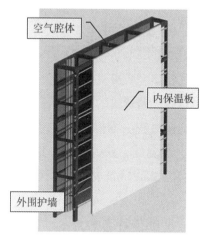

图1.34　无托梁空腔构造设计

3）建立了矿坑天然水资源回收、净化、利用循环体系

矿坑距离湘江最近处约800m（图1.35），坑内有天然岩壁裂隙水。从保护矿坑自然水体及生态环境出发，设计保留坑壁多处天然渗水点，增设集水槽、水泵及水处理机房，渗水经收集并处理达标后用于坑底补水、工艺补水及冷却塔补水等（图1.36）；利用市政中水管网进行室外绿化浇灌、水景补水、地下车库及总体道路地面冲洗等；利用矿坑天然的蓄水功能，收集矿坑周边雨水及矿坑裂隙水，汇入矿坑后通过设置集水槽、水泵及水处理机房，大大提高了水资源利用，年节约水资源约20万t。

图1.35　矿坑近邻湘江

图1.36　矿坑工艺补水体系

第三部分　总结

一、技术先进性

项目研究成果直接应用于依托工程，实现了建筑与矿坑的有机结合，解决了深矿坑重载大跨建筑的建造难题，为城市废弃矿坑的修复再利用提供了很好的典范作用。应用过程中取得了一系列的科研成果：主编国家标准1本、专著1部，发表科技论文共78篇，获得发明专利24项、实用新型专利21项、软件著作权4项、省部级工法26项，项目成果整体达到国际先进水平，多项关键技术达到国际领先水平。

二、项目社会效益

项目承办了2020年全国地下空间论坛、2021年中国土木工程学会学术年会等多次大型会议，CCTV2《经济半小时》、CCTV13《新闻联播》栏目以"绿色发展、科技创新"为主题对项目进行了深度报道，建设过程中得到了各领域院士、专家的指导。工程建成后带动了区域经济蓬勃发展，创造直接就业岗位3000余个，间接就业岗位2万余个，年综合经济效益超10亿元，取得了显著的社会经济效益。

三、项目经济效益

项目科技成果已推广应用到长沙恒大童世界旅游开发项目、海南长水岭山体修复工程、成兰隧道工程、宁化行洛坑钨矿及荣丰水库等10余项工程当中，产生的经济效益超12亿元，经济效益显著。

专家点评

> 本工程针对历史工业发展遗留的城市问题进行了修复利用，将采矿遗留的废弃矿坑这个城市巨大伤疤建设成旅游文化产业乐园，更新了城市面貌，带动了产业发展，契合了国家城市更新的远景目标，对完善城市功能、改善人居环

境、传承历史文化、促进绿色低碳、激发城市活力、促进经济社会可持续发展具有重要意义。

项目具有"因地制宜、生态修复、绿色低碳、以人为本"的特点，充分利用矿坑独有的地形地貌进行设计，实现绿色建造、经济建造的目的。多项关键技术填补了国内外矿坑修复利用的技术空白，实现了废弃坑矿的再利用以及建筑向地下延伸的蓝图，节约了地面资源，为地下空间的建设起到了引领和指导作用。

许多类似过去挖矿、采石、办水泥厂遗留下来的废址，给城市的生态文明建设带来制约，本项目集新型城镇化生态城区建设于一体，汇聚生态修复、绿色建造、经济节能于一身，是对废弃矿坑的生态修复利用的典范工程，为城市更新和绿色发展提供了很好的示范作用。

同时，矿坑修复利用技术中有许多科学问题是建筑行业所面临的共性问题，研究成果对于岩土工程、建筑工程的关键技术问题也具有十分重要的参考意义，有力地促进了我国建筑业的长足进步。

2

〰〰◇◇◇◇〰〰

亮马河国际风情水岸项目

第一部分　项目综述

一、项目背景

1.项目概述

北京亮马河属于京杭大运河支流，全长11.42km。"亮马河国际风情水岸"项目位于北京市朝阳区燕莎桥至朝阳公园的亮马河段，东西横跨蓝色港湾及燕莎两个热门商圈，占据北京外交及商业核心区域位置（图2.1）。

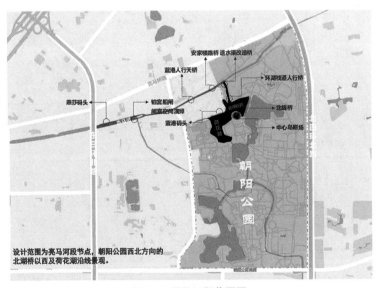

图 2.1　项目工程范围图

该项目设计、建造始于2021年4月，同年5月底一期工程竣工，运营期为10年。"亮马河国际风情水岸"项目作为建党100周年献礼，不仅是具有绿色低碳设计思路的大型城市更新改造工程，也是具有重大社会意义的政治任务。

在建设工期上，本项目进行了极度压缩。按照EPC合同要求，6月1日前结束建设，与普通建设工期相比缩短了50%左右。工程整体建设还涉及多个不同子专业，包括：投影、音响、码头、土建、游船、高压箱变等，建设内容繁杂。项目位置滨临水岸，两岸植物种类繁多，是各种昆虫、鸟类的栖息场所，所涉建设改造区域生态环境敏感。施工过程中，项目实施涉及北京市朝阳区水务局、交通局、环保局、规划局、城管局、属地麦子店街道办等多个委办局单位，外部协调难度极大。项目采用多专业平行作业，绿色科学精准施工，各单位协同合作，如期完成了项目建设并投入通航运营，顺利完成了此项重大政治任务。

工程相关方如下：

项目建设单位：北京朝阳公园开发经营有限责任公司

管理单位：北京京朝滨河文化有限责任公司

监理单位：北京华建项目管理有限公司

设计施工单位：良业科技集团股份有限公司

2. 项目历史

北京亮马河拥有六百多年的历史，根据文献记载，坝河以南称"南坝河"。相传客商的马驮车队进出京城前，在此给马匹喂饮洗涮，风干鬃毛，故改名"晾马河"，后更名为"亮马河"。

清末至中华人民共和国成立前数十年间，亮马河没有进行过维护、疏浚，河床淤积。每到汛期，排水不畅，给河道沿岸村落造成连年水灾。直至20世纪80年代，亮马河依旧是脏乱差的状态，整体样貌未得到根本改善。

亮马河治理始于1981年，北京市政府开始对亮马河实施分期分段疏浚治理，包括以原河道线为基础，适当裁弯取直、疏浚河道、清除污染源、衬砌河道等。经过多年治理，才基本恢复原貌。

现在的亮马河周边主要为使馆区、金融商务区、城市公园等。根据2017年《朝阳区河湖水系蓝线及景观水源配置规划》，将亮马河的功能定位为"城市排水河道"，除应具有防洪主要功能外，还应具备城市水系的景观功能。2018年初，朝阳区水务局委托完成《亮马河国际风情水岸桥梁景观提升—通航桥》，提出亮马河通航建议，并完成亮马河四环以上段景观廊道建设工程项目可研评审及批复。2019年5月，根据北京市城市规划设计研究院完成的《亮马河拟通船线路周边交通系统影响研究》，建议近期考虑东三环以东段通船条件，该段现状桥梁中，麦子店街跨河桥和朝阳公园路跨河桥不满足通船净空要求，需进行改造。亮马河的改造工程规划逐渐酝酿成熟。

随着城市更新进程的不断推进，亮马河作为朝阳区关键公共滨水空间的重要性逐渐凸显。过去的亮马河仅是一条简单的河道，两侧路面非常狭窄，水域之外两岸的空间也被一些硬质护栏、停车场所占据。在北京市委市政府、朝阳区委区政府相关部门大力支持下，经过综合治理后，亮马河河道生态环境得到了明显改善，两岸环境宜人，水质清澈，常常有附近的居民到这里散步休闲，"亮马河国际风情水岸"项目也在这样的生态基底上应运而生。"亮马河国际风情水岸"项目旨在打造亮马河阑珊夜色与星河璀璨，向世人展开一幅绚烂美丽的城市画卷，吸引广大居民和游客前来享受"轻舟夜赏亮马河"的惬意，感受亮马河的前世今生与大运河文化带的深厚历史底蕴。

二、项目难点

1. 设计理念

1) 项目构思

项目建设初期，时任北京市委书记蔡奇实地调研亮马河时提出："要持续提升亮马河国际风情水岸品质，大力发展夜经济提升亮马河两岸周边商业氛围，把亮马河打造成北京市的城市名片和水上会客厅"。所以我们把"以水为魂、以绿为底、以光为韵"作为设计理念，在设计及建造过程中充分遵从自然、人文法则，强调水岸情景互动。

2) 功能定位

在亮马河一期1.8km的航程中，利用游船将亮马河燕莎码头至蓝港码头水域的"命运共同体、铂宫船闸、贝壳剧场"等10个创意观景点进行串联，打造出集游船体验、光影桥体、两岸文化空间提升、主题灯光演绎等于一体的"文商旅+科技"综合夜游新场景。在实施生态文明可持续发展战略的重要内容的同时，助力构建朝阳区绿色空间格局，建立全要素生态空间系统的城市规划，促进北京市"夜经济"的发展。

3) 景观元素

"亮马河国际风情水岸"项目改造工程重点突出亮马河水系景观功能，将动态结构、光、声、影融为一体，创造出新的景观造型，将多个国际知名艺术画面及经典场景作为景观元素融入艺术设计中，向世人展示它的艺术化和国际化，并运用当下城市的一种新兴表达方式——沉浸式手段，给游人带来视觉感官冲击，通过搭载文化的方式服务于价值传递，将景观元素灵动地展示在游客面前。

4）生态环境保护

项目意于改善朝阳公园内部光环境，提供安全、舒适的功能性照明及有特色的景观照明，提升公园夜间吸引力。因此，在创意的独特性和生态照明设计方面做出了新的探索，既力求打造出"生态友好"光环境典型案例，让每个夜行之人都能够感受到自然之美、文化之美，满足市民夜间游览需求，又将项目建设对周边生态环境的影响降至最低。

5）工程技术

桥梁承受的荷载验算是项目中的难点之一。在对燕莎健步桥的建设改造中，采用在健步桥西侧设计安装绳幕装置的方式，绳幕的固定轨道及驱动装置采用抱卡方式与桥梁主体结构进行连接和固定，绳幕吊挂采用两层绳幕体，幕绳为双层密布排列（单层绳间距为不大于绳径+1mm），整体绳幕装置的安装对人行健步桥的结构安全性提出了要求，需对桥梁的承载能力、静态挠度、静态应变（应力）、索力、频率、振型等方面进行检测。通过专业桥梁检测单位最终的检测评估，健步桥西侧具备安装绳幕装置的条件，绳幕装置工作性能也能满足现行规范的要求。

6）运营安全

水位精准调控是运营过程中安全设计的重要环节。旱季如果水位过低，会导致游船搁浅及碰撞；汛期雨季水位上升，当水面上升至一定高度，部分桥梁将会出现净空不足，导致游船无法通行的情况。亮马河燕莎码头至蓝港码头段所属通航河道水位容易出现异常情况。通过在河道上设置泄水闸，在水位上涨期间，根据正常水位提前开闸释放一定水量，保证游船与桥底之间距离满足正常的通船净空要求。运营中，在河岸设置水位警示杆并派专人巡逻，达到警戒线停航，泄水达到正常水位后恢复通航，保证人员安全。

2.项目改造对比

1）沿岸及桥梁改造

项目对于原亮马河沿岸及桥梁也进行了部分改造。以麦家桥为例，对现状不满足通船净空要求的桥梁进行了拆除重建，河道南北两侧同步实施顺接道路，同步实施交通、管线导改、绿化照明等。建设完善周边道路路网节点，改善区域交通出行条件（图2.2）。

2）功能改造

将原来饮马桥的防洪、排水、绿化功能性，升级改造成兼具有滨水景观性的绿色空间格局，使其朝阳公园更加符合国家4A级景区标准（图2.3）。

| （a）改造前实景图 | （b）改造后实景图 |

图2.2　麦家桥改造前后对比图

| （a）改造前实景图 | （b）改造后实景图 |

图2.3　饮马桥北改造前后对比图

3）亮化改造

夜间亮化灯光全部采用LED光源，沿河道两岸进行亮化设计，在建设城市夜景灯光亮化的同时，更加注重节能低碳和绿色环保。以好运桥改造为例，如图2.4所示。

| （a）改造前实景图 | （b）改造后实景图 |

图2.4　好运桥改造前后对比图

4）景点改造

由之前简单的建筑楼体亮化，设计改造成具有城市文化意义的夜间休闲旅游景区。以友谊桥改造为例，采用环保材料建造，并设有绳幕关合，与游客形成互动的同时融入了绿色环保理念（图2.5）。

（a）改造前实景图　　　　　　　　　　（b）改造后实景图

图2.5　友谊桥改造前后对比图

第二部分　工程创新实践

一、管理篇

1.组织机构

北京市政府希望通过亮马河项目的改造，以提升城市形象，助力打造国际消费中心城市，建设一个具有国际风情的城市会客厅。基于亮马河的生态基底及周边的商业环境等，项目建成后，不但让周边市民及商业受益，满足了周边市民的日常休闲需要，而且打造一个新的城市文化旅游产品，让外来游客除了游览故宫、八达岭等原有著名景点以外，还有其他记忆犹新的新景区。

良业科技集团作为城市更新的先行者，从政府、游客和市民的需求出发，承接亮马河改造工程，为本地居民提供城市服务，让本地居民有体验感、自豪感及获得感，同时满足了远道而来游客们的需求。良业科技集团将亮马河项目打造为城市标志性夜游文旅案例，建立起成熟的主客共享文旅项目体系，实现以政府为主导、多方共赢的城市更新模式。

2.重大管理措施

1）城市生态管理措施

工程在设计、施工期间，采用生态环境保护管理，避免对周边生态环境（植物、鸟类、昆虫等）产生不良影响。采用防眩光、亮度多级可调、亮灯时间可控、杜绝红光光谱、无高频闪的LED节能灯具。照明设计上对阴生植物禁止照明，对阳生植物采用不超过12000lx的光照度，且要求项目日常演绎时间不超过夜间23：00，对施工周边生态环境进行了良好保护。

2）环境保护管理措施

对游船进行环保设计：实现零排放、安全便利、推进效率高、成本低且不会出现油泄漏问题。本项目全部采用电动船舶，船体本身采用环保材料（如839长效厚浆型防污漆），不使用含有作为生物灭杀剂的有机锡化合物，并装有污水处理系统，实现保护河道水体的作用。

3）节能减排管理措施

另外，工程以"功能性照明与景观性照明相融合""景观性照明与文旅夜游相融合"的设计理念，采用绿色照明技术、创新光影技术、数字技术、装置艺术等多专业技术和艺术融合的手法，对沿线桥梁、绿植、构筑物、建筑等进行光影设计，采用点、线、面结合的灯光投射方式，结合桥梁构造特点，打造出独特的夜景效果。夜景氛围亮化以LED节能灯具为主要呈现手段，达到节能减排降耗的效果。

4）数字化运营管理措施

通过提升施工管理水平及创新数字化建设体系，建立了施工信息化、智能化监测与控制系统，提高了工效，最大程度降低了施工中机械设备引起的耗能和二氧化碳排放。同时，公司建立了工程项目系统平台，大力推动项目信息化管理，生产经营数据采集系统、项目管理系统、智慧工地系统为施工项目现场管理与过程管控提供了在线化、实时化和智能化技术支撑。

3.技术创新激励机制

项目以绿色低碳建设、运营为突破口和切入点，集中力量开展技术自主创新，在技术创新方向、人才培养、创新激励方面创建如下机制：

1）创新方向

聚焦关键核心技术，打造高端文旅夜游精品，构建"文创+科创+运营应用创新"；对人工智能、机械传动、交互技术等新技术进行融合创新应用，形成技术跨界融合创新；创新性打造数字化、网络化、智能化的智慧文旅。

2）人才培养

公司层面成立文旅数字研究院，引进导演、文化创意、控制、机械、投影、游船、码头等专业化人才团队，依托项目建立标准化流程、技术标准，通过针对性地开展夜间文旅案例复盘及专业知识培训、项目实践等，提高技术团队的专业性、工作高效性。

3）创新激励

在项目上鼓励员工积极创新，对取得优秀施工方案、优秀施工可视化成果、优秀"四新"技术成果、优秀技术标准化成果和优秀技术总结以及"五小"创新成果的员工给予荣誉证书及物质奖励，对于取得省部级及国家级技术成果，向公司申请专项奖励。

二、技术篇

1. 梵高星空光纤成像技术

1）关键技术成果产生的背景

"亮马河国际风情水岸"承载着生活休闲、国际交往、商业活力和自然生态四个不同主题。将四个主题有机融合，以创新的光影视觉体验，达到"目之所及，即是世界"。好运桥在亮马河沿河岸线上，需要给游客打造一种与自然融合的沉浸体验。在空间跨度上结合桥梁结构特点，采用舞美造景与光纤灯的有机结合，通过梵高名作"星空"，结合创新型光影技术，打造出一个如同电影"阿凡达"世界般流光溢彩的光影森林（图2.6）。

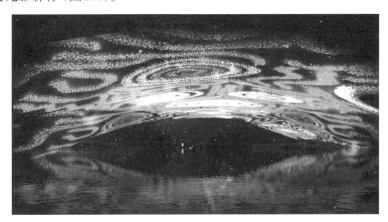

图2.6 星空效果图

2）项目难点

现场根据CAD打印图样完成10万个打孔，对10万根497000m光纤拉直，保证光纤垂直度不受损坏；钢架安装需避免因桥体长期车行振动引发的螺栓松动。

3）施工方法

（1）施工准备

将浮台材料运至现场，搭建浮台；安装铝板钢架，在铝板上打孔安装光纤灯；

打印1:1图纸粘贴在铝板上进行排版。

（2）施工定位

根据设计图案排布机器及其光纤。

（3）基础制作

打孔安装化学锚栓，安装钢架结构；铝板打孔，光纤灯采用拉直光纤，按CAD设计图纸进行排布；安装铝板，完成后修剪光纤；进行两侧桥墩镜面板钢架安装，完成后安装镜面板。

（4）光源器安装

LED光源器接线应符合规定，对于所装LED光源器，应先在地面上进行试亮后再进行安装。

4）文化价值

通过采用创新型光纤星空成像技术，打造出流光溢彩的光影艺术森林。泛舟夜游穿行于流光溢彩的河岸廊道，体味璀璨夜色中的国际时尚风情，尽览富含人文与创意的视觉盛宴。为亮马河注入新鲜活力，为游客带来耳目一新的情绪体验，打造多元时尚的城市会客厅。

5）降耗方面

因为发光原理不同，LED光源的能量转化率要高于普通的照明设备，所以同样的照明效果，LED光源的耗电量要节省约80%。

6）技术的先进性

光纤星空成像采用先进的智能远程控制系统及无线AP技术，现场或远程终端计算机进行设定，光源器功率为45W，七彩变化效果可通过编程，达到整体设计要求，通过标准开放的DMX512及可控硅进行调光控制；光纤材料节能、环保，可以严格控制光污染，纤芯材料采用聚甲基丙烯酸甲酯（Polymethyl Methacrylate）。

2.电动水平开合绳幕影像技术

1）关键技术成果产生的背景

友谊桥作为整体亮马河船游的起点，是游客开启一段别样水上之旅的开端。此时为游客提供心理氛围，对接下来的行程产生期待与想象。伴随音乐，一段绚丽的灯光秀吸引游客的目光，引导观众情绪，此刻桥面下绳幕上徐徐展开一幅"五洲汇聚、四海欢腾的水上狂欢之夜"（图2.7），随绳幕慢慢拉开，观众船穿桥而过，正式进入这美妙的水上风情之旅。

2）项目难点

幕体闭合后接缝紧密，左右幕体之间间隙不大于1mm；幕体打开后需全部隐

图 2.7　绳幕实景图

藏于两侧收纳箱内；绳材料选用高硅氧玻璃纤维，高温和高湿条件下能保持绝缘性能优良。

3）施工方法

（1）施工准备

将浮台材料运至现场，搭建浮台；将轨道、收纳箱部分与桥梁进行联结安装；将投影机及恒温箱运抵现场。

（2）施工定位

根据设计进行轨道定位。

（3）设备安装

固定轨道主体结构及进行驱动安装，轨道主体结构采用强度高、轻便的铝合金材料及结构形式，通过抱卡的方式与桥梁主体结构进行连接和固定，完成后进行绳吊挂，采用两层绳幕体，幕绳为双层密布排列（单层绳间距为不大于绳径+1mm），幕绳之间尽量无间隙，两层幕绳之间交叉排列，即后层幕绳中心位于前层两个幕绳之间的缝隙中心处；在无风静止状态下，幕体应自然下垂，幕绳紧密排列，相邻幕绳间无明显肉眼可见间隙；绳幕上下边缘排布整齐，并用布缝制结实，各绳体长度一致，不得出现缠绕、松紧度不一致等现象；安装收纳箱及装饰板，收纳箱采用不锈钢材质，具备防水、防腐等性能，外装饰板与场景主题及桥体整体氛围融合；安装控制柜，进行收纳测试；安装投影机，对绳幕进行成像测试。

4）环境保护

采用高硅氧玻璃纤维作为绳材料，重量轻，对桥体的载荷影响较小，同时检修方便，不产生污染。

5）技术的先进性

（1）电动水平开合绳影像技术，绳幕材料选用高硅氧玻璃纤维，防水、阻燃、耐久、耐脏、防风、抗撕裂；具备良好的成像功能，增益不低于0.7，且具备单侧投影、双面成像特性，背面图像清晰度不低于正面图像清晰度的80%。

（2）驱动系统包含主驱动系统、备用电动驱动系统和备用手动驱动机构，当主驱动系统出现故障时，可快速切换至备用电动驱动系统对幕体传动装置进行控制，当主驱动系统、备用驱动系统均出现故障时，可通过备用手动驱动系统实现幕体的开合，这样的设置可以避免因驱动系统出现故障导致幕体无法开合的情况发生，保证了幕体开合的稳定性。

（3）通过在幕体底部设置配重链，使幕体在有风（风力不大于六级）的状态下能够保持竖直，幕体不会产生缠绕的现象，保证了绳幕系统的正常开合，并保证了投影效果更好地呈现；在运行行程终端设置机械式减速开关、限位开关和极限位开关，进一步确保了系统的安全运行。

（4）通过设置风速传感器，可在中控实时显示当前风力等级，当检测到瞬时风力超过六级时，设备启动声光报警，从而可以做出相应的应急措施。

（5）为避免操控人员操控失误或总控信号丢失带来的危险，在双向航道两岸边均设置船体检测装置，每处设置2套，通过对单航道船体进行双检测，使船体运行至相应位置时，绳幕能够立即按照设定速度打开，提高了运行的可靠性。

（6）控制系统设置远程总控系统信号接口，纳入总控系统统一操控，使整体系统的运行控制更为方便。

3.留声机蝴蝶光影动态艺术演绎装置技术

1）关键技术成果产生的背景

在构建亮马河绿色空间格局，建立全要素生态空间系统的背景下，留声机、蝴蝶装置是一个集动态机构、灯光、音视频特效于一体的通过可控制编程进行光影动态艺术演绎的综合性装置，此技术的应用能有效提升亮马河河流绿廊和道路绿廊的品质，是亮马河水景观功能中重要亮点，其艺术形态如图2.8、图2.9所示。

2）项目难点

视频导入功能：通过视频导入，能够生成灯光演绎节目；翅膀摆动机构：使一对翅膀同步运动。

3）施工方法

（1）施工准备

与设计师加强联系，进一步了解设计意图及项目要求，根据设计图纸提出施工

图2.8　留声机演绎装置实景图

图2.9　蝴蝶演绎装置实景图

实施方案；会同设计师一起进行模型定稿、完稿；会同设计师一起参加造型的制作、艺术审查；施工前应按施工方案进行技术交底，设计师应做设计意图说明和提出工艺要求；进行不锈钢板的加工制作准备；设备进场。

（2）施工定位

现场安装前，与设计师沟通，确定每个蝴蝶装置及留声机雕塑所在的位置。

（3）设备安装

支架安装：支架需要提前安装，安装前，确保基础完全硬化，采用螺栓锚固的方式，把支架锚固牢靠。进行二次浇筑，保证支架稳定，具有一定强度。

蝴蝶装置及留声机安装：在工厂组装完成后，进行机械测试、灯光测试。经过测试确定没问题后，进行整体包装，再运到现场进行安装。

电箱安装：把电箱放在基础上，采用膨胀螺栓进行安装，电箱安装好后对电箱周边进行防水和做斜坡处理，保证电箱接地；专业电工对电箱进行接线，信号线、电源线等连接规矩有序，保证接线符合规范要求；同时对蝴蝶装置及留声机进行接线，做好防水、隐蔽工作，所有电线做好穿管保护。

打磨与表面处理：板材表面经过焊接后须进行打磨处理，使其接触外表面平顺、流畅，达到高度的艺术水准。

防腐防锈、油漆处理：表面在除污完毕之后应进行油漆喷涂工作。在施工过程中，采用二层氟碳油漆进行保护。

软件部署及安装：安装中控数据库；安装灯控数据库；安装PLC上位机数据库。

4）项目价值

亮马河留声机、蝴蝶装置安装于亮马河饮马桥附近。白天，其艺术造型与不锈钢镜面外观将成为亮马河道路绿廊点缀。夜晚，灯光、视频与传动机构的配合表演，呈现艺术之韵，将成为游客夜间流连忘返的打卡之处。此装置的设置能有效提升亮马河河流绿廊和道路绿廊的品质，是亮马河水系景观功能中重要亮点。

5）技术的先进性

亮马河留声机、蝴蝶装置从系统结构维度可分为雕塑本体、机械传动、灯光、LED以及播控系统5个部分。

（1）传动机构由驱动系统与传动执行机构组成，其中驱动系统由电动缸、伺服电机、精密减速机、PCL等设备组成，传动执行机构由转动关节机构、导向装置等组成；留声机旋转速度为0～1.91r/min，旋转角度为0°～60°；蝴蝶摆动速度为0～83.6回合/min，摆动夹角为0°～80.49°。

（2）装置的灯光系统由灯光控制器、解码器、灯条、导光板等组成。灯具均采用LED-RGBW灯源或导光板，可分别控制、整体变化。音视频播放系统由功放、音频处理器、视频处理器、视频采集卡、光纤发送器、视频播控软件、LED板、音响等组成。

（3）播控系统由播控主机、播控软件组成。其中播控软件由中控软件、远程控制软件、灯光播控软件、PLC下位机软件、PLC上位机软件等组成。播控系统通过TCP/IP或UDP协议指令，接受中控系统的播控指令；节目管理功能包括添加、修改、删除、查询等；视频导入功能通过视频导入，能够生成灯光演绎节目。

4.水上（5面）CAVE沉浸空间技术

1）关键技术成果产生的背景

CAVE沉浸式虚拟现实显示系统是一种全新的、高级的、完全沉浸式的数据可视化手段，可以应用于任何具有沉浸感需求的虚拟仿真应用领域。该系统可提供一个房间大小的最小三面（本项目5个面）立方体投影显示空间，供多人参与，所有参与者均完全沉浸在一个被立体投影画面包围的高级虚拟仿真环境中，借助相应虚拟现实交互设备（如数据手套、位置跟踪器等），从而获得一种身临其境的高分辨率三维立体视听影像和6自由度交互感受。由于投影面能够覆盖用户的所有视野，所以CAVE系统能提供给使用者一种前所未有的带有震撼性的身临其境的沉浸式感受。

2）项目难点

CAVE沉浸式虚拟现实显示系统的原理比较复杂，它是以计算机图形学为基础，把高分辨率的立体投影显示技术、多通道视景同步技术、音响技术、传感器技术等完美地融合在一起。

3）施工方法

（1）施工准备

与视觉导演及投影设计师加强联系，进一步了解导演意图及要求，根据设计图纸提出施工实施方案；施工前应按施工方案进行技术交底，设计师应做设计意图说明和提出工艺要求；铝板的加工制作准备；设备进场。

（2）施工定位

现场安装前，与投影设计师沟通，确定每个投影机及幕布所在的位置。

（3）设备安装

钢架安装：顶部钢架需要提前安装，安装前，确保定位准确。幕布固定托辊托架、固定托架采用镀锌钢板和镀锌方钢焊接。固定钢板与结构楼板采用不锈钢膨胀螺栓连接，托辊与方钢上下可调节水平线。

投影机安装：为避免投影机外露，采用在幕布上开口的方式安装。投影机安装在幕布后面，光束通过幕布上面的开口，投射到对面。

幕布安装：升降自如，定位准确，托架轨道经过防锈处理，焊接牢固，电机低噪声，幕布成像效果无瑕疵，升降速度为每3秒可控2000mm，抗风等级为6级。

4）项目价值

水上CAVE沉浸空间改变了过去被动、单调的传输模式，逐渐由原有传统式的游乐体验向科技化和多元化方向发展，声光电互动、虚拟现实、增强现实、扩展现实等全新的视觉互动技术，给游乐体验空间提供了更多的表现方式和可能性。不论是增加互动体验还是感官震撼，当前沉浸空间的核心思路是：尽快形成专属的极具吸引力的游乐体验符号，切实起到吸客、留客和自传播的效果。在"体验为王"的新时代，沉浸空间争相以更多新奇的科技元素赢得消费者的关注，融入新型科技、艺术的"沉浸式体念"形态也正日益受到广大年轻人的青睐，从而为城市夜间经济带来新的生机与活力。

5）技术的先进性

（1）投影机选型WUXGA分辨率、4K信号输入、4K增强、超级解像、细节增强、3LCD、场景自适应gamma调节。芯片面板尺寸≥0.76英寸含微透镜，刷新率为200～240Hz，物理分辨率为1920×1200，色彩亮度≥6000流明（符合《前投影机通用规范》SJ/T 11340—2015标准），光输出≥6000流明。

（2）高清白幕由特种ps黑白复合材料特殊工艺压延贴合而成，保证投影光度不会透过幕面，不反光，无眩光，抗冲击力≤250焦耳，成像清晰自然、无盲区，抗拉力，使用寿命长，厚度0.38mm，增益1.0，视角180°。

（3）控制采用PLC和液晶显示屏相结合，电机检测仪采用转速和电流与时间设定数值。测风仪采用6级设定数值，超出6级风，控制平台会自动报警，立即停止使用。升降速度为每3秒升降2000mm，升降可调速。如中控失灵，可启动本地控制箱控制，如在控制失灵和停电的情况下，可采取人工升降。

5. 亮马河夜游生态环境评估与控制技术

1）关键技术成果产生的背景

朝阳公园地处城市核心地段，开放时间长、人流量大，其夜间游览观光的安全性就显得尤为重要。亮马河夜游项目良好的照明灯光提升了公园的安全性，声光电效果又丰富了游客和市民夜间生活的视听感受，与此同时，人工照明产生的声光污染对昆虫、鸟类生活习性的改变及对植物生长的干扰影响一直是一个难以回避的问题。通过北京市朝阳区国资委、朝阳公园、良业科技集团股份有限公司相关专家讨论及现场施工过程试验，论证确定了工程在策划、设计、施工、运营全过程生态管控要求，形成了公司企业标准并进行推广。

2）技术难点

声光对昆虫、鸟类生活习性的影响及对植物生长的干扰影响尚未有相应的国家标准进行约束，对于声光对昆虫、鸟、植物影响指标方面的确定需要研究、论证；亮马河夜游工程是系统的工程，策划、设计、施工、运营全过程应全方位考虑，既要考虑生态环境保护，又要做好施工、运营，促进夜经济发展。

3）主要措施

（1）生态环境评估

根据《中华人民共和国环境影响评价法》，对照《建设项目环境影响评价分类管理名录》对项目环境影响评价类别进行评估。

（2）生态环境保护管控策划

确定生态区域状态、项目生态保护目标。

（3）项目设计管理

落实室外照明相关标准、照明方案设计、控制方案设计、申请项目环保评估等。

（4）项目实施阶段

对施工操作、施工噪声、固废物、水体污染进行管控。

（5）运营阶段

重点对照明时间、光色进行控制，对鸟类迁徙季节制定专项方案。

4）生态、品牌提升作用

（1）通过对工程全过程进行管控及亮化指标优化，公园公民投诉率降低90%。

（2）亮马河自运营以来，考虑对鸟类、植物的影响，在运营时间上进行控制，有效对生态环境进行了保护，也带来了显著的社会价值。

5）技术先进性

（1）建立夜间照明项目生态环保企业标准，并在项目上进行推行，同时组织专家进行了论证。

（2）确定了光照强度对动植物的影响参数，确定了波长对植物的影响范围，对灯具选型、光照参数、波长控制提出了要求，进一步完善了照明对动植物影响控制的标准。

6.都市水岸夜游安全运营技术

1）关键技术成果产生的背景

朝阳公园是一处综合性、多功能的大型文化休憩、娱乐公园，是北京市四环以内最大的城市公园，亮马河夜游项目涉及长约2km的航线，有2处码头和1个闸室，光影秀点位共有9个，包括1个闸室、7个桥体、1个建筑。运营项目拥有18艘游船，河道狭窄低浅、堤岸环境复杂、河内水生植物丛生、夜间航行、游（旅）客引导等因素给项目夜间游览观光的运营安全管理带来了巨大的挑战。

2）技术难点

项目运营夜间船舶航行面临诸多不安全因素，亮马河夜游项目既要保障游

（旅）客航行的较好视觉体验，又要做好码头、船舶、堤岸运营安全管理，实现社会效益与经济效益的统一。

3）主要措施

（1）游船管理

根据《中华人民共和国内河交通安全管理条例》针对项目船舶安全航速、安全设施配置、船员配置、航行日志、防碰撞、维保检修、调度等内容编制了《项目游船安全运营管理规范》。

（2）码头管理

根据《中华人民共和国内河交通安全管理条例》编制了《项目码头安全运营管理规范》，规范了配载、系固、检修等方面的管理。

（3）堤岸管控

通过多次白天航行演练来不断了解两侧堤岸河道航行路线、堤岸水上植物位置、动物栖息区域、河床情况等，起到切实指导夜间安全航行的作用。

（4）项目运营阶段

对游（旅）客体验、堤岸环境、船舶维保、码头检修管理进行阶段总结和动态监控，不断完善优化。

4）职业健康、安全管理提升作用

（1）通过各项管控措施实现项目夜游运营安全无事故通航。

（2）亮马河夜游项目自运营以来，重点控制码头、船舶、游（旅）客引导、水上应急救援四个方面，给中外游（旅）客带来了很安全的观光体验，助力中国外交开启新篇章。

5）技术先进性

（1）建立《文旅事业部安全管理制度》《项目游船和码头安全运营管理规范》等企业运营安全管理标准，并积极在项目上进行推行。

（2）积累了内河小船在狭窄低浅河道内航行的经验，进一步完善了船舶内河安全管理制度。

7. 贝壳岛异形结构Mapping技术

1）关键技术成果产生的背景

从三环路至红领巾湖6km旅游通航，乘船可游览二十四桥十八景。贝壳剧场作为全程重要演出节点之一，根据建筑特点，呈现震撼的夜间效果（图2.10）。

图2.10 贝壳岛实景图

2）项目难点

（1）贝壳剧场造型独特、设计精巧，建筑表面有明显的波浪起伏效果，如何在不规则曲面的贝壳剧场上，投射出层层叠叠、错落有致的视频内容，成为贝壳剧场投影秀设计的难题。在设计过程中需结合现场环境、建筑材质、观看视角、视觉效果等因素进行设计，在保证项目质量的基础上减少投影光对周边生态环境的影响，需通过专业技术手段减少光污染，降低对周边居民夜间休息的影响。

（2）投影光对昆虫、鸟类生活习性的影响及对植物生长的干扰影响尚未有相应的国家标准进行约束，对于投影光对昆虫、鸟、植物影响指标方面的确定需要研究、论证；亮马河夜游工程是系统的工程，策划、设计、施工、运营过程要全方位考虑，既要考虑生态环保，又要做好施工、运营，打造好地标性项目，促进夜经济发展。

3）施工方法

（1）夜间的贝壳剧场在光影特效中幻化成一颗珍珠。贝壳剧场造型设计精巧，建筑表面有着波浪般的起伏。2台松下PT-SRZ34KC投影机搭配Coolux播控软件，凭借强大的几何图形校正功能，在不规则曲面的贝壳剧场上，打造出层层叠叠、错落有致的美丽景色。

（2）投影机安装于湖对岸120m处，立杆高度为3m，地基牢固。

4）文化价值

霓虹变幻、流萤轻晃、五彩交织，光影科技打造了亮马河国际风情水岸的怡人景观，助力这里成为朝阳区提升生活品质和夜间经济的新亮点、新场所。夜经济已经是我国经济发展的新增量，夜游市场需求强劲，促进"文化＋旅游＋商业＋科技"

融合，推动消费升级。

5）降耗方面

投影机双驱动激光光学引擎系统使用两个独立的模块化光源组。如果一个激光单位出现故障，保护电路会即刻启动，使亮度降幅保持在较小范围内。在主信号源出现故障时，备份输入功能可立刻切换至辅助信号源。航线运营过程中即使设备因一些不可控因素发生突发情况，也能带来24h不间断的如画美景。

6）技术的先进性

（1）设备采用松下最新上市的32000流明激光投影机，首次采用红蓝双色激光作为投影灯光源，松下也本着换班的理念，降低了投影设备的功率，缩小了设备尺寸，同时其强光色彩补正功能，可以使投影机的颜色亮度跟随周边环境光的强度自动调节，使视频内容时刻保持高保真、高色彩的状态。

（2）先进的户外投影防护系统是保证项目长期稳定运行的关键，智能化户外防护箱体内部搭载了多支传感器，通过传感器对温度、湿度的反馈，会自动调节箱体内部的运行环境，使投影设备时刻处于最佳的运行状态。

第三部分 总结

一、技术成果的先进性及技术示范效应

亮马河风情水岸项目以"功能性照明与景观性照明相融合""景观性照明与文旅夜游相融合"的模式，重新改造了亮马河观赏河段和亮化河段。通船段涵盖亮马河燕莎码头至朝阳公园沿线的五座桥梁、铂宫船闸室内演绎秀、朝阳公园莲花湖环湖景观（包括北湖桥和中心岛剧场建筑），实现了亮马河燕莎桥至朝阳公园段水域通航、两岸楼体及朝阳公园莲花湖的夜景亮化。同时，该项目采取线状照明方式勾勒出城市夜景天际线，并对燕莎商圈、亮马河大厦组团、铂宫欧洲风情、中日青年交流中心、润世中心5个重要区域做突出效果展示，体现了"闪耀亮马河京城唯一水上慢生活之时光走廊"的设计理念和夜间景观亮化的先进性。

亮马河项目以照明技术、创新光影技术、数字技术、装置艺术等多专业技术和艺术融合的手法，对沿线桥梁、绿植、构筑物、建筑等进行光影设计，串联亮马河燕莎码头至红领巾公园水域的1河、2湖、4段、5码头以及24桥等观景点，形成流光溢彩的河岸廊道，打造新型数字文旅沉浸式夜游项目，向世人展示出了现代高科

技技术融合的成果。

对于沿河游线的重要节点，结合桥梁、建筑、河岸等特点，以创新文旅光影技术进行人文和创意呈现，包括：桥上安装电动开合绳幕投影，呈现水上宽幅影像效果；闸室内电动升降幕投影构成五折幕CAVE沉浸空间；桥洞内吊顶安装光纤灯，形成沉浸艺术装置空间；桥体投影Mapping；激光、雾森及烟机共同在河面上形成梦幻激光空间特效；桥下空间轻质镜面装置形成空间折射光影效果；岸边定制大型留声机机械光影艺术装置、机械蝴蝶装置；贝壳剧场建筑Mapping投影秀。

控制系统采用船岸联动方式，岸上采用先进的演艺集控系统，将景观和演艺灯光、投影、机械装置、艺术装置、烟雾特效等进行各专业联动控制，根据场景设计效果需要进行编程；沿岸设置多个5G通信基站，覆盖整个游船线路，游船通过5G信号与岸上控制系统通信，船上配置音响、灯光及控制触发设备，在游船到达不同光影节点时可在船上触发控制船岸光影及音乐同步表演。

该工程遵循绿色低碳理念，夜景氛围亮化以LED节能灯具为主要呈现手段，对河岸廊道上的不同载体进行灯光设计，以桥梁作为河上明珠，采用各具特色的灯光表现形式，采用点、线、面结合的灯光投射方式，结合桥梁构造特点，打造出独特的夜景效果，同时也将低碳环保的理念恰如其分地融入项目中。

亮马河项目通过文旅融合的模式进行创新，直接拉动城市夜经济发展，达成城市更新目标。良业科技集团股份有限公司在全国市长研修学院（住房和城乡建设部干部学院）和CBC建筑中心主办的"城市更新与高质量发展培训班"上，也进行了案例分享，该项目具有夜间经济驱动城市更新技术示范效应。

二、项目节能减排等的综合效果

1.节能方面

（1）采用的激光表演系统完全符合最新EN 60825-1标准中FDA安全规定与TUV激光安全要求，确保不对观众造成伤害，不损害对激光敏感的摄像和投影设备，在保证表演效果的同时，有效保障了观众的健康安全，同时避免了对设备的使用功能和寿命造成影响，节约后续设备维修、更换成本。

（2）整体项目采用LED灯作为光源，高效节能又不影响照明设备的正常使用，在同样的照明效果下，LED光源的耗电量相对传统灯具能够节省80%左右。

（3）本项目在亮马河沿河岸线及游船船体安装无线AP设备。应用无线AP技术，通过无线IPAD触发亮马河沿线各类装置进行演艺，游船上实现对各个演艺设备的触发，使演艺设备在一般模式和演艺模式之间切换，从而达到节能的目的。

2.减排方面

（1）在灯光设计和安装时，要严格控制光污染，在保证效果的同时，注意对周边环境的影响。避免光线直接指向居民区、学校等打扰居民生活；避免光线指向通行道路，影响人员视觉和交通；减少光污染，最大限度地降低亮化工程带来的光污染影响。

（2）演出音响系统采取船上安装音响方式，限定声场范围和音量。对于噪声及振动较大的雾森机组设备，采取隔振降噪措施，降低机组噪声，满足《中华人民共和国环境噪声污染防治法》的要求，通过对易产生噪声污染的设备进行全面降噪处理，有效降低噪声污染，很大程度地降低了演出设备对周边场所造成的影响。

（3）投影设备采用最新型的激光光源，节能、环保、色域广，符合《信息技术 投影机通用规范》GB/T 28037—2011的规定。户外安装采用室外恒温防雨箱对投影设备进行防护，确保设备工作处于最佳状态，达到《外壳防护等级（IP代码）》GB/T 4208—2017中指标要求。与普通投影仪相比，使用寿命更长、功耗更低、衰减的速度更慢、稳定性更强，在节能模式下，光源寿命能够达到24000h，每台投影设备与普通投影仪相比，功耗能够降低50%。

（4）所有的演出设备在满足效果需求的同时，符合国家现行有关产品标准的规定，以及提高了演出人员的职业健康安全。

（5）电动水平开合绳幕材料选用高硅氧玻璃纤维，材料环保，避免了对亮马河水域环境造成污染。

（6）本项目整体采用电动船舶，船体本身材料环保（如839长效厚浆型防污漆），不含有作为生物灭杀剂的有机锡化合物，并装有污水处理系统，电动船舶采用环保设计，可以实现零排放，安全便利、推进效率高、成本低且不会出现柴油泄漏等问题。

三、社会环境效益和经济效益

政企合作联合整治河道及水岸环境，凯宾斯基酒店等企业充分利用水岸空间打造商业外摆，形成集聚效应，蓝色港湾水岸环境完善倒逼商业提质升级。联动周边业态，为游客提供定制餐饮、会议等服务；整合跨界资源，推动水岸联动特色活动，增加亮马河夜游的复合商业价值。

亮马河项目从2021年7月26日投入试运营以来，陆续投入运营18艘游船，累计发出9500多航次，接待7万多人次。夜游船票销售、创新场景营销等既带来了经济价值，也带来了显著的社会价值。作为大型活动的展示窗口，亮马河承办了多次文化活动，包括政府活动、大型音乐节和咖啡节等，同时成为北京市新晋网红打卡胜地，也是北京旅游的标志性景点。

亮马河项目带动了周边商业价值提升，区域内房价高于周边21.6%左右，同时也为周边商业带来了大量年轻的中高端消费客群，2020—2021年亮马河总客流量增幅13%，其中17%为21～30岁的青年客群。亮马河商圈中的燕莎、蓝色港湾等重点商业项目销售额在疫情期间保持坚挺，年增幅超过40%。大量品牌进驻为区域商业增添活力，商业活跃度年增幅为32%。未来，亮马河还将联合周边的其他小型商户重磅推出亮马星选平台，聚合商户和消费者的商业创造力，打造更加多元鲜活的互动平台。

目前，在夜游的带动下，亮马河国际风情水岸已形成浓厚的文旅消费氛围和活跃的夜间消费市场，成为首批国家级夜间文化和旅游消费集聚区之一，为后续滨水文化旅游项目在商业设计理念及工程建设方面的应用提供了非常有价值的经验借鉴。

专家点评

一、品牌维度

亮马河国际风情水岸项目无缝衔接河道、绿地和建筑，将文化、旅游、消费三者相互融合，实现了朝阳区作为北京国际消费中心城市主承载区的重要组成部分的功能，是北京"四个中心"城市战略定位的代表项目。经过重新改造的亮马河，业已成为媒体和人民力荐的北京旅游"金名片"，也是中国新时期新外交对外展示的新场景。亮马河现已成为北京的亮马河、中国的亮马河、世界的亮马河。

二、文化维度

习近平总书记在二十大报告中指出：展现可信、可爱、可敬的中国形象，推动中华文化更好走向世界。满足人民日益增长的对美好生活的需要，文化是重要因素，通过在旅游项目中融入文化元素，可以使得人民群众享受到更加充实、更为丰富、更高质量的精神文化生活。文旅融合与发展城市夜间经济是时代发展的需要，更是顺应新时代的新趋势，通过文旅融合的模式创新可直接拉动城市夜经济发展，这是达成城市更新目标行之有效的路径。亮马河项目坚持"文化引领"，深入挖掘城市文化内核，以文带旅，以旅彰文，以科技为手段，使该文旅融合的项目成为城市发展的战略抓手。

三、治理维度

前北京市朝阳区商务局局长陈庆华对于亮马河改造工程做出评价："经过近三年的改造，亮马河已经实现了亮化、美化、文化的华丽转型"。亮马河国际风情水岸项目是将光影科技与历史文化、水韵生态和地区建设的完美结合，也是以河道复兴引领城市更新、激活城市新空间活力的成功案例。

四、服务维度

朝阳区水务局副局长王成志在采访时表示，景观廊道建设工程始终按照"专业、节俭、为民"的原则，坚持以"政企共建"为核心的"六共"（共商、共治、共建、共享、共管、共赢）模式，调动沿线企业积极性，利用商业资源，建设亮马河国际风情水岸，打造滨水步行街，成为城市"新地标"。亮马河旅游通航项目"以河道复兴带动城市更新"，将功能疏解促提升与水生态文明建设同步推进，坚持为市民打造幸福河。把原来的停车场变成"百姓秀场"，把"河岸"改造成"会客厅"，把"河体"变成"市民乐场"，满足市民戏水、垂钓、旅游通船等休闲需求。在亮马河治理过程中，相关单位就一河两岸的空间布局，严格落实城市规划，拆除了各种形式的隔离，将最好的公共空间还给老百姓。

五、生态维度

朝阳区以亮马河治理为典型代表，从城市片区视角着眼，以水岸治理为牵引，围绕城市更新的核心，以为民服务为根本。通过前期空间腾退和后期治理，亮马河两岸沿线公共空间被重新整合为一条拥有特色多元的滨水慢行系统、丰富多样的驳岸形式以及完备的公共服务设施的5.5km长蓝绿风景廊。在做滨水空间治理的时候，综合统筹了建筑物、水源和水域空间，最终形成了建筑物、绿地、水面三线融合的一个整体设计，对于整个北京市滨水空间的治理是一个比较有开创性的试点。历经滨水空间治理、旅游通船和通航延伸三个阶段，亮马河国际风情水岸建设实现了建筑物、绿地、水面无缝衔接，持续引领两岸生态建设发展。

六、价值维度

　　"城市更新"的概念首次在2019年12月的中央经济工作会议中被提出，并于2021年3月首次写入政府工作报告和《中华人民共和国国民经济和社会发展第十四个五年规划和2035年远景目标纲要》，至此，"城市更新"上升至国家战略层面。亮马河国际风情水岸项目成为城市更新典型案例，成功激活了城市新空间活力。亮马河项目的通航丰富了亮马河的周边业态。全程1.8km游船通航，日夜均可游览，形成了游船经济；沿岸餐厅、咖啡厅、酒吧成为当下最火的网红打卡地，造就了网红经济；沿岸多家商业体联动，形成了国家级夜间文化和旅游消费集聚区，拓展了"夜游+新服务模式"的夜间经济。该项目将亮马河打造成了北京国际化水上商务、休闲会客厅，使其成为以河道复兴引领城市更新的典范、文化旅游消费融合的典范、北京高质量发展的典范，助力北京国际消费中心城市建设和首都文化产业高质量发展。

3

湘潭天易示范区文体公园A、B、C、D、E区主体与景观工程项目

第一部分　项目综述

一、项目背景

1.项目概述

1）项目位置

湘潭天易示范区文体公园A、B、C、D、E区主体与景观工程位于湖南省湘潭市湘潭天易示范区，滨江路以南，杨柳路以西，凤凰路以北。

2）开竣工时间

该项目于2016年9月开工，应湘潭县创建全国文明城市节点要求，于2019年2月竣工。

3）工程相关方

建设单位：湖南三建天易房地产开发有限公司

施工单位：湖南省第三工程有限公司

设计单位：湘潭市建筑设计院

监理单位：湖南佳盛建设监理有限公司

2.项目历史

本项目原址为湘江边一处洼地，鱼塘沼泽遍布，雨污水汇流。随着湘潭天易示范区的城市化进程，以湘潭县一中为中心的学区经济发展急需改善当地电力、雨污、人防、防洪、公共停车场等薄弱的基础设施，人们迫切需要在此地建设一个集市政、文旅、商业、休闲为一体的城市功能改善大型项目。2012年，湘潭县政协会议提交议案，2015年，经湘潭县党工委会议决策实施本项目，并于2016年，与

湖南省第三工程有限公司合作开发建设本项目。

二、项目难点

1.设计理念

项目定位为市政基础设施改善、市民广场、综合地产开发为一体的区域城市功能提质项目。采用以文墨形态突出设计主题寓意，将湘潭县本土莲乡文化与毛泽东、彭德怀、齐白石等名人文化、伟人故里文化、书苑文化等融入公园景观。采用两区三层一心多环立体空间设计，将洼地空间建成文体主题下沉式商业和人防地下停车场，将原有鱼塘沼泽拓展为集中水面兼顾景观湖和防洪调蓄水体功能，利用拟建地下空间顶部建设广场、公园、跨水桥，对接周边街道，并利用高低错落的地面绿化、雕塑小品形成立体上升空间。

2.项目改造前后对比

项目改造前后对比见表3.1。

项目改造前后对比表 表3.1

序号	改造前	改造后
1	鱼塘沼泽	建设成为景观湖兼顾防洪调蓄水体功能
2	马路市场	改造为人行道和游步道
3	雨污汇流	新建管道实施雨污分流，并建设污水净化系统进行景观水体中水补充，建设模块化雨水回收池进行雨水回收利用
4	缺少人防设施	集中建设12000m² 人防地下室，建成的公共广场兼具人防疏散场地功能
5	缺少停车位	地下停车场和地面停车场共计1450个车位
6	洼地空间	文体综合商业中心和地下停车场
7	电力容量不足	接入天畅、麦体等三趟高压线路，拓展变电容量1.8万kVA
8	菜地、垃圾场	占地210亩公园和市民文体广场

第二部分　工程创新实践

一、管理篇

1.组织机构

本工程由湘潭天易示范区管委会与湖南省第三工程有限公司通过签订回购协

议，实现政府主导和规划、国企建设实施运营、建成后政府回购的新型合作模式。

2.重大管理措施

1）"投资+建设+运营"的全寿命周期建设模式

本工程由湖南省第三工程有限公司采用"投资+建设+运营"的全寿命周期建设管理模式，使得工程建设程序减少，建设周期缩短。同时拓宽了传统施工企业在投资开发、商业地产运营、物业管理领域的业务。积累了大量经验，培养了一批多功能综合性人才，提升了公司品牌形象，项目也得到广大市民的高度认可。

国企与政府具有天然的沟通和信任优势，由湖南省第三工程有限公司进行全寿命周期建设，能在国资使用、服务民众、社会公益等方面与政府初衷高度统一，能在经济效益和社会效益下统筹考量。

作为本地国企，能充分理解还原建筑产品的文化内涵，熟悉产品使用环境，真正打造服务于当地民众、造福当地民众的项目。

2）信息化管理手段

本工程通过移动终端、局域网、万维网，以BIM信息中心为中枢，建成集远程办公、信息集中处理、环境控制为一体的信息管理体系。

通过Worktile、钉钉等项目管理软件进行工作任务分解与追踪、员工效能监察，实现无纸化办公，较大程度地解决了工作任务不清晰、实施过程追踪难、执行反馈不透明、各部门协调不统一的难题，提高了工作任务PDCA全过程的标准化和执行效率，极大降低了管理难度，有利于工作和员工绩效考核的透明、公开和客观，便于激励机制的实施和兑现。

采用固定式和移动式扬尘、声光、水体排放监测仪，利用4G和WIFI技术统一收集到项目部局域网管理平台，由BIM信息中心进行可视化处理，实时对现场喷雾降尘设备、水质净化系统、雨水回收系统、光源的智能化进行控制。在兼顾环境保护的同时，高效低成本地实现了节能减排工作的智能化。

3.技术创新激励机制

项目开工前，根据《湖南省第三工程有限公司项目目标管理办法》，与公司签订了《目标责任书》，《目标责任书》除约定项目经济指标外，还对工程创优和技术创新两个部分分别设定了指标，两项指标之和与经济指标各占项目总体目标的50%，总体目标兑现后，根据项目上缴利润情况对项目部进行奖励。

为鼓励员工和承包商技术创新，根据《湖南省第三工程有限公司科技创新奖励实施细则》相关要求对新型工法、工艺、发明专利进行奖励。对于承包商，将该部分激励机制写进合同，对于员工，除进行经济奖励外，还推荐在公司和集团范围内评选科技创新人才和先进个人。

二、技术篇

1. 成果一：装配式"海绵城市"

1）背景及原因

（1）本工程设计理念基于原地形建设下沉式商业和地面公园，自然形成高低落差，且规划有 20 万 m³ 景观湖蓄水体，便于雨水收集和再利用，非常契合"海绵城市"建设。

（2）湖南省第三工程有限公司在"海绵城市"建设方面有丰富的经验，旗下有专业装配式生产工厂，生产销售管廊、线形沟、U 形槽、卵形槽、生态护坡等预制产品。

2）本技术对应的项目难点、特点和重点

（1）本工程设计绿建一星，在雨水回收利用方面有相应指标。

（2）本项目设计规划雨水排水路径存在两区三层一心多环立体空间设计形成的落差，适合建设"海绵城市"。

（3）屋顶公园设计理念对后期维修有较高的要求，不适宜破坏性翻修，采用装配式集水构件便于后期更换维修。

3）主要措施和方法

（1）采用装配式线形沟、植草沟及渗透管作为收集前端，美观实用。

（2）采用装配式 U 形槽、卵形槽作为雨水收汇集的"毛细血管"，HDPE 排水管和预制管廊作为运输动脉。

（3）雨水汇集于装配式模块化雨水回收池和景观水体，运行过程中通过水质净化系统，三处设施通过管道互相联通，可实现互相补水，改善水质，达到景观用水、水生生物用水要求。

（4）采用装配式鱼巢式与植草式组合的生态护坡作为景观水体边坡，造型美观的同时最大程度减少了混凝土对土体的污染。

4）贡献

（1）装配式模块化雨水回收池回收能力为 140m³，景观水体最大回收能力为 12 万 m³。既能满足雨水回收利用，又能在暴雨季节实现防洪调蓄。通过防洪调蓄水体，将项目所在地区 4.7km² 的城市防洪排涝能力由原 30 年一遇提高到 100 年一遇。

（2）作为向湘江排水的最后一环，减少了项目前端老城区雨污合流情况对湘江水体的污染，净化能力达800t/d，既能满足上流来水净化要求，又能兼顾本项目蓄水体水质改良。

5）技术先进性

（1）每平方米调蓄量和净化回收能力达到湖南省同行业领先水平。

（2）园林绿化类项目装配率和装配式创新应用达到湖南省同行业领先水平。

（3）海绵城市设计获湖南省优秀设计奖，设计水平达到国内先进水平。

2.成果二：BIM技术在商业景观综合体的应用

1）背景及原因

（1）为减少各专业施工图技术冲突，需进行碰撞和冲突检查，和设计院一道优化设计，减少变更和返工。

（2）为节约材料及减少现场加工产生的扬尘、噪声污染，为工厂集中加工提供准确尺寸。

（3）为加强施工场布的科学性，需对各施工阶段在各类气候下的塔式起重机位置、覆盖范围、道路运输能力、加工场和材料场运转效率、场内排水能力、电力保障进行模拟，一次成型，最大限度实现永临结合，提高材料转运效率，提高机械和人工效能，减少环境污染，减少二次搬运和浪费。

2）本技术对应的项目难点、特点和重点

（1）本项目的商业运营采用大品牌带动格子铺销售，包括海洋馆、步步高超市、酷贝拉等大品牌根据合作协议由建设方一次装修到位，由于使用功能不同，商业区内有些需在建设过程中再次进行建筑结构和装修安装专业的冲突检查和设计调整。

（2）本项目采用墨汁艺术造型，设计前卫美观，主体结构和室外铺装都采用一心多环的弧形设计，传统建筑材料多为方形和直形，如采用现场加工，将造成严重环境污染。

（3）本项目整体为一层下沉式商业区，整体面积约为7万m^2，商业区的建筑密度和设计进深较大，施工临时设施仅能依靠约10m的内商业街。在此区域内需科学布置12台塔式起重机、环形运输道路、加工场、材料场，并进行临时水电主干管布置。

3）主要措施和方法

（1）开工前由建设单位组织施工单位和设计单位共同深化制作BIM模型，工作内容包括专业管线冲突检查、综合管线位置优化、预留空间调整、二次结构优化。

（2）施工单位根据图审后的BIM图纸进行下料深化设计，综合考虑了弧形装饰板材加工尺寸设计、装饰缝设计、颜色过渡、边角料二次设计利用、弧形构件钢筋下料、弧形管线下料和接头设计、桥架和吊杆设计。异形装饰板材实现场外工厂化加工，安装管线、钢筋实现场内集中加工。

（3）利用BIM进行制作、施工场地布置，布置塔式起重机、加工场、材料场和道路、回车场位置，并进行运输强度实景模拟，对排水设施进行多次雨季排泄能力模拟，结合工作面分段施工。使用时间短、需临时占用建筑物工作面的加工场、材料场采用路基板灵活布置。使用时间长、不占用建筑物工作面的加工场、材料场，以及施工道路采用永临结合方案，提前布置好永久排水设施和管廊。

4）贡献

（1）施工图BIM前期冲突检查和深化效果明显，建设过程中因设计变更造成的返工签证约131万元，占项目建安总造价4.9亿元的0.3%。

（2）异形装饰板材通过施工下料优化和室外板材边角料的二次利用，低于湖南省消耗量定额损耗量指标，其中室内异形板材实际损耗率为3.2%，低于异性构件定额损耗率4%。室外异形板材综合损耗率（二次利用后）的实际损耗率为4.5%，低于异形构件定额损耗率6%。

（3）通过BIM进行施工场地布置，项目提前29d达到竣工验收要求，节约了机械租赁时间，通过路基板临时布置4处施工加工场和材料场，减少混凝土硬化场地1800m²，通过永临结合，实际临时设施费为291万元，较投标报价407万元减少了116万元。

5）技术先进性

BIM技术运用的深度和广度达到国内同行业领先水平。

该技术是本工程获园林类工程鲁班奖的重要创新技术组成部分。

3. 成果三：绿色施工在线监测控制技术

1）背景及原因

为提高本项目绿色施工水平，减少施工过程噪声、光、扬尘对环境的影响，提高本工程绿色施工设备设施的反应速度和智能化控制。

2）本技术对应的项目难点、特点和重点

（1）公司要求本项目创省级绿色施工示范工程，项目建设期间，湘潭县创全国文明县城，当地建设、环保部门要求也很高。

（2）项目所在地与湖南省重点高中湘潭县第一中学仅一街之隔，东西两侧为学区房，均是环境高敏感区域。

（3）重点解决噪声、光、扬尘检测设备和喷淋、灯光等设备开关的智能联动。

3）主要措施和方法

（1）根据项目与周边建筑物的距离、建筑物环境敏感程度、区域施工作业对环境的影响程度分为东西南北中五个大区，主体工程每个大区按加工功能和安装功能、装饰工程按室内和室外分为两个小区。

（2）在项目红线边和周边小区、学校均设置噪声、扬尘、光照智能监测设备，设备通过WIFI和4G信号与项目局域网连接，由项目监控机房终端接收处理信号；项目现场动力配电箱、主照明配电箱、自动喷淋系统开关加装遥控控制器。

（3）由智能化公司自主开发一体化监测控制软件，集成远程监控、自动广播、自动语音拨号的功能。当某个区域监测信号显示异常时，由软件自动向该区域作业人员广播，并向该区域工长拨打自动语音电话，一般在持续异常5min内由总控机房开启降尘系统，切断主照明和作业区域电源。

4）贡献

采用此项技术，当施工过程中出现环境污染异常情况时，最多能在5min之内通过一体化自动监控系统停止或启动治理设备。项目全过程未发生居民投诉现象，未受到行政主管部门处罚。该套系统得到了本地环保部门和公司的高度认可并推广实施。

5）技术先进性

绿色施工在线监测控制技术是本工程获湖南省绿色施工工程的重要手段和创新技术，处于省内先进水平，是本工程获园林类工程鲁班奖的重要创新技术组成部分。

4.成果四：预制生态护坡及排水沟的永临结合技术

1）背景及原因

施工阶段护坡、排水沟设施是大部分项目必需投入的且投入较大的一次性临时设施，本工程为提高临时护坡和排水设施的利用率，利用本工程自投自建的优势，采用"预制鱼巢式＋植草式"组合生态护坡和预制U形排水沟实现生态护坡及排水沟的永临结合。

2）本技术对应的项目难点、特点和重点

（1）本工程为下沉式商业区，并有人工湖水体，项目占地210亩，建筑物基本为1层，施工过程中项目部分边坡具备自然放坡条件，施工排水路径长，临时边坡和排水沟用量较大。

（2）本工程为湖南省第三工程有限公司自投自建，可在设计阶段充分考虑生态护坡及排水沟的永临结合，公司下属企业有丰富的预制构件设计生产条件。

（3）本工程该项技术的重点是设计阶段和施工阶段护坡和排水沟的参数匹配，既能实现永临结合，又不增加建设成本。

3）主要措施和方法

（1）在项目初步设计阶段，施工部门根据规划图计算临时护坡和临时排水沟的使用参数，由设计单位根据临时设施使用参数，结合永久设施的设计使用参数统筹设计，优化设计方案。

（2）优化后，原设计用于水体的"预制鱼巢式＋植草式"组合生态护坡，在施工阶段用于本工程具备自然放坡条件的边坡支护。设计用于室外明沟的预制 U 形排水沟应用于本工程施工过程临时排水沟；工程完成后拆除用于设计部位。

4）贡献

（1）采用"预制鱼巢式＋植草式"组合生态护坡和预制 U 形排水沟，造型美观，绿色环保，同时满足施工和设计要求，提高了项目装配率。

（2）"预制鱼巢式＋植草式"组合生态护坡永临结合用量共计约 3200m²，节约传统边坡喷浆挂网施工造价 25.6 万元。

（3）预制 U 形排水沟永临结合用量共计约 560m，节约传统砖砌排水沟所需人工和材料，总体施工造价节约 8.4 万元。

5）技术先进性

（1）采用预制生态护坡及排水沟的永临结合技术是本工程获湖南省绿色施工示范工程的重要手段和创新技术，处于省内领先水平，是本工程获园林类工程鲁班奖的重要创新技术组成部分。

（2）产品申报科技成果，获得实用新型专利 2 项。

5.成果五：预制装配式可移动花箱

1）背景及原因

本工程中心广场"朝晖广场"面积约 20000m²，该广场设计为湘潭县用于市民集散、群众活动的重要地点，广场以入口至毛泽东、彭德怀、齐白石主中心雕塑为中心线，以"爱莲说"主题文化柱、齐白石山水作品地刻环绕，设置点状和片状绿化为衬托。造型美观，文化气息浓郁，是湘潭本土文化展示和本地市民休闲娱乐的重要场所。

本项目公共广场部分的使用功能之一是为满足经常性举办的大型民生活动，基于此使用功能要求，广场部分绿化特别是草花需基于不同节日场地布置的特殊要求，具备灵活多变的特点。

2）本技术对应的项目难点、特点和重点

采用装配式移动式花箱能解决后期因景观升级需破坏原有部分石材铺装面造成的费用增加，以及消除可能造成的对屋顶广场铺装层下方防水保温层的破坏，避免影响整体建筑使用功能。

根据不同活动类型和时段，灵活布置移动式花箱，能在广场上灵活划分活动功能区域，并代替市政栏杆的交通隔离，更加美观实用。

移动式花箱可见缝插针地起到景观点缀的作用，通过不同高度和大小的花箱布置，能起到特殊的花草堆叠和层高效果，既不影响整体空间，又能对特殊位置起到装饰作用，对整条街起到美化点睛的效果。

该技术的重点在于解决花箱如何灵活组合多变，又兼顾养护方便的难点。

3）主要措施和方法

采用多种尺寸装配式移动式木质花箱，主要尺寸（长×宽×高，单位：mm）为900×600×800、900×600×600、1000×600×600、1000×600×800、1200×600×600、1200×600×800，箱内设置可2档上下调节的隔板，满足不同草花的种植土厚度或花盆深度要求和整体重量轻量化的要求。

箱体内部设有滤水板及土工布内衬，底部设有可拆卸集水盒，能在一定时间内防止花箱泥水下漏，减少对摆放位置石材面的污染。

花箱底座为可拆卸底座，由可调高度（50～200mm）底座和万向轮组成，移动简单，高度可调。采用不同高度的花箱和可调高度的底座，能自由形成绿化层高和堆叠效果。底座外边缘设有可拆卸挡脚板，保证使用过程中的安全。

采用硬质防腐木材料，材料强度高、耐候能力强、防腐防潮、不易开裂和掉漆。

不举行活动时，设置在固定绿化带两侧，既起到了保护绿化带的作用，又能减少阳光直射时间，便于后期维护。

4）贡献

通过设置装配式移动式花箱，满足本地大型活动不同类型布景要求。日常时间定期可调整花箱景观，整个广场保持灵动状态，市民满意度高。

通过设置预制装配式可移动花箱，无需破坏现有广场硬质铺装面，减少重新布置固定绿化造成对屋顶花园各建筑构造层的扰动，延长了建筑构造层的使用寿命。

5）技术先进性

采用预制装配式可移动花箱是本工程获湖南省绿色施工示范工程的重要手段和创新技术，处于省内领先水平，是本工程获园林类工程鲁班奖的重要创新技术组成部分。

第三部分　总结

一、技术成果的先进性及技术示范效应

本工程技术成果得到了社会各界和同行业的肯定，施工过程中共计接待住房和城乡建设部调研 1 次，组织省级观摩 2 次，市县级观摩 5 次，接待人数 3500 余人。

本工程积极应用了"建筑业 10 项新技术（2017 年版）"中共 8 大项、20 小项，自主创新技术 4 项，获得省级工法 2 篇、专利 3 项。获湖南省新技术应用示范工程。应用水平达到国内领先。本项目所获奖项如下：

获湖南省质量标准化示范工地（"湖南省住房和城乡建设厅" 2018 年度）；

获湖南省安全标准化示范工地（"湖南省住房和城乡建设厅" 2018 年度）；

获湖南省绿色施工示范工程（"湖南省住房和城乡建设厅" 2020 年度）；

获湖南省新技术应用示范工程（"湖南省住房和城乡建设厅" 2021 年度）；

获国内先进设计水平评价（"湖南省勘察设计协会" 2021 年度）；

获湖南省建设科技、绿色建筑、建筑节能优秀项目奖（"湖南省建设科技与建筑节能协会" 2021 年度）；

获第九届创新杯 BIM 应用大赛土建类二等奖（"中国勘察设计协会" 2018 年度）；

获湖南省优质工程（"湖南省建筑业协会" 2020 年度）；

获湖南省建设工程"芙蓉奖"（"湖南省建筑业协会" 2021 年度）；

获中国建设工程"鲁班奖"（"中国建筑业协会" 2021 年度）。

二、项目节能减排等的综合效果

（1）通过施工阶段的绿色施工技术，施工用电能耗指标为 48kWh/万元，较本工程预算指标降低 12%，通过绿建一星设计，园林绿化与商业和谐共存，商业区冬暖夏凉，每年节约空调用电 12.7 万度，每年节约电费约 13 万元。

（2）施工阶段用水消耗量为 3.8m³/万元，非传统水源利用率为 22%，项目建成后，每天回收净化中水约 800t，节约水费 58 万元/年。

（3）定额用钢量为 1.225 万 t，通过 BIM 优化下料和二次利用，实际用量为1.114 万 t，节约 9%。

（4）节约工期29d。

三、社会环境效益

（1）本工程通过对原地块的整体提升，创造就业岗位1100余个，新建综合商业51000m²，新建公共停车位1450个、人防地下室12000m²，电力拓容1.8万kVA，防洪排涝能力从30年一遇提高到100年一遇。新建公园和市民活动广场210亩，丰富了市民的日常文化娱乐生活。从终端处理了上游雨污合流情况，保护了湘江母亲河的生态环境。

（2）当地经济受本项目影响，周边地块价值提升，多个大品牌超市、商业街入住，商业繁荣。学区房在建设期内就提升了近50%。

四、经济效益

本项目通过"投资+建设+运营"的全寿命建设管理模式，节约总投资约1.5%，约730万元；施工过程积极应用新技术与创新技术，节约施工成本1.3%，约598万元。

专家点评

一、治理维度

湘潭天易示范区文体公园A、B、C、D、E区主体与景观工程处于湘潭县城区核心区域，毗邻湘潭县第一中学，该工程通过在此核心地带将原状城中村建设成为下沉式综合广场，在为广大市民增加了休闲娱乐的同时，提升了相应基础配套设施，具体体现为：

1.通过地下停车场、地上公共广场作为公共人防设施和场地，满足了县城核心区人防集中建设的需求。

2.增加地上、地下停车位1400余个，极大缓解了凤凰路、杨柳路两条干道的高峰期拥堵，同时为居民解决了购物、休息问题，生活效率提高。

3.将项目所在地470公顷防洪设施全部在本项目集中接驳和调控，通过新建两处管涵和一处人工湖，将原有防洪排涝标准由30年一遇提高到100年一遇，有利于对后期项目周边地块的城市更新活动。

4.配套建设该项目高压地下管廊3条，极大改善了该地区电力供应能力和覆盖面积，有利于后期在该项目集中开展的市政活动，也有利于对后期项目周边地块的城市更新活动。

二、文化维度

该项目内涵以湖湘文化为依托，向公众展示了湖湘文化悠久的历史和"惟楚有才，于斯为盛""出淤泥而不染"的鲜明人文特点，同时表现出本地近现代人才辈出和本地文化强大的生命力和影响力。

三、环境和生态维度

1.该项目规划设计因地制宜，利用原地貌地形地势，建设成为两区三层一心多环立体空间，形成了高低错落、功能分区、紧密联系的综合性城市公园，充分利用绿化区、铺装区、水体、储水池、水处理设施打造了"海绵城市"理念，彰显出自然环境与人文空间的和谐统一。

2.公园绿化和种植屋面对减少地下空间能耗、降低地下商业空间噪声和光污染、净化区域空气起到了关键作用。整体提升了周边小区和学校学习生活环境。

3.该项目在建设过程中大力践行绿色创新，管理方法上采用了项目寿命建造模式，突出激励机制和信息化对管理的提升，技术上重视设计优化，通过装配式海绵城市、BIM技术、环境在线监控技术、永临结合技术等技术创新运用，减少了建设过程中的环境污染和能耗，作为示范项目在当地有较好的运用和推广，起到了以点带面的作用。

四、价值维度

1.经济价值：项目建设有近5万 m² 地下商业街，商业收入除用于弥补项目投资，还能为建设单位带来可观的直接经济效益。从政府角度看，提高了周边地块价值，活跃了当地经济，丰富了商业类别，并从长期减少了城市治理、改造和更新的成本。

2.社会效益：创造了近1000个就业岗位，丰富了人民群众的业余生活，提供了区域集散场所，有利于政府集中开展社会和公益活动。项目建设形成的绿色创新理念和措施提高了区域行业施工水平，对工程相关环境和生态治理提供了很多经验。

4

首钢老工业区改造西十冬奥广场项目

第一部分　项目综述

一、项目背景

为支持北京举办2008年奥运会，2005年2月国务院批复首钢实施搬迁的方案，从而在北京的西长安街留下了一座8.63km²的旧工业园区。2015年11月，北京市政府确定2022年冬奥会办公园区选址落户百年首钢，西十冬奥广场由此诞生（图4.1）。

图4.1　西十冬奥广场项目总体鸟瞰效果图

西十冬奥广场项目位于首钢北京老工业区西北角，改造前曾经是首钢一号、三号高炉炼铁工艺的原料系统，原有筒仓、料仓、供料通廊、转运站及空压机房等工业设施在场地中密集布局。在"保留主工艺流程完整性"总体思想的指导下，巧妙地改造为占地13.31公顷、建筑面积10.7万m²、容纳两千余人的创意办公空间，形成13组主要单体，并为冬奥组委提供国际化的办公、会议、餐饮、住宿、停车、会展和新闻发布等综合功能及配套服务。在充满了工业和历史感的首钢园区，所有建筑均保持与原首钢厂区风貌协调统一，创造了工业人文主义回归和园林自然主义渗透的交融空间状态，营造出一座兼具奥运文化和中国文化元素的宜人办公园区。

项目于2014年1月10日开工，2018年7月16日竣工。

工程建设有关各方分别是：

建设单位：北京首钢建设投资有限公司

勘察单位：北京爱地地质勘察基础工程公司

设计单位：北京首钢国际工程技术有限公司

中国建筑设计研究院有限公司

杭州中联筑境建筑设计有限公司

北京华清安地建筑设计有限公司

施工单位：北京首钢建设集团有限公司

北京首钢自动化信息技术有限公司

中国建筑装饰集团有限公司

北京市建筑装饰设计工程有限公司

苏州金螳螂建筑装饰股份有限公司

监理单位：北京诚信工程监理有限公司

二、项目特点和难点

冬奥组委的入驻激活了这片沉寂10年的旧有工业园区，使其重新焕发了生机和活力，但与之同时，绿色、节俭、科技、人文的办奥理念，以及需要满足国际性会议办公一体化的高标准严要求，也给项目建设提出了巨大的挑战。

首钢西十冬奥广场的项目建设，需要对大型工业设施进行全面、系统、高强度的保护利用。作为服务奥运的综合功能区，关系到北京冬奥会能否成为一届精彩、非凡、卓越的奥运盛会。涉及了规划设计、遗产保护、环境修复、结构加固、生态节能、智能化等学科的协调支撑和交融配合，是一项涵盖了多专业的复杂系统工程。具体难点包括以下方面：

1.项目难点

工业遗产是人类发展进程的历史见证，认定和保存有价值的工业遗产，并加以活化利用，对于保护城市历史文化、集约节约利用资源，意义重大。我国近代工业遗存较少，但具有独特工业风貌、经济利用价值较高的却很多。因此，像西十冬奥广场这样对工业遗产保护与改造利用进行深度融合并具体实践的项目具有重大意义。

1）理念突破大

首钢西十冬奥广场项目具有极强的挑战性、探索性及开创性。迄今为止，世界上没有任何一个项目像首钢西十冬奥广场那样，对大型工业设施进行全面、系统、高强度的改造提升与再利用，并作为服务奥运的复合型城市综合功能区。坚持工业遗存量利用优先，以传承历史文化、延续工业记忆、营造特色风貌为原则，不搞大拆大建，通过改造提升赋予工业遗存新的生命力，使首钢老工业区华丽转身为北京城市复兴新地标。

2）协调关系多

本项目需妥善处理工业遗产保护与资源再利用之间的关系。如何保留原有工业遗存元素，让饱含历史记忆的建筑形式延续且焕发新的生机，并保证新旧间的有机协调。挖掘首钢西十冬奥广场的历史、工业、美学、空间等方面的价值，并以此为基本出发点进行改造利用，确保与首钢园区的遗产传承与发展做到完美统一，是项目组面临的重大挑战之一。

3）实施难度大

高耸建筑物拆除难度大。项目周边管道密布、建（构）筑物密集，同时需要考虑保护和利旧，对施工方法的选择限制较多。

筒仓等工业设施改造加固难度大。如何实现对原有工业设施的清理、局部拆除、修缮与加固，对超厚的异形钢筋混凝土构件等部位进行保护性切割、开洞，同时尽可能减少对原有结构的破坏，难度较大。

4）使用要求高

根据国际惯例，冬奥组委要求实现项目LEED认证全种类全覆盖。如何利用新技术与原有建筑有机结合，达到绿色建筑节能的目的，又能保留原有工业风貌特征，是技术人员面临的一大挑战。

2.规划设计理念

本项目的规划设计充分挖掘工业遗存的价值，保留原有工业风貌，体现原有工业基地的工业感和尺度感。通过"忠实地保留"和"谨慎地加建"将工业遗存变成崭新的办公园区，赋予建筑第二次生命。采用新技术、新材料，同原有工业遗存形成对话与并置，植入新的功能，形成具有时代感和标志性的产业园区。

在满足冬奥组委入驻各项服务功能的基础上，留住区域特有的地域环境、文化特色和建筑风格，使首钢园区呈现出新旧交织、山水交融、整体存在的城市风貌，真正做到"望得见山，看得见水，记得住首钢情结"。

1）尊重工业遗存

通过设计手段，最大可能地保留了原有遗存的混凝土和钢框架。

把原有结构空间作为主要功能空间使用，而把楼电梯间外置，这样既不打穿原有楼板，又通过加建补强了原结构刚度。

通过粘钢、粘碳、加大截面和阻尼抗震撑等手段对原有主体结构加固以适应新的功能需求，类似的结构构件也成为建筑立面核心表现的元素。

轻质的石英板材和穿孔铝板的使用也契合了改造建筑时严控外墙材料重度的原则，避免给原有结构带来过大负荷。

各转运站保留原结构并外置交通空间的改造策略让建筑造型忠实呈现出了"保留"和"加建"的不同状态，表达了对既有工业建筑的尊重（图4.2）。

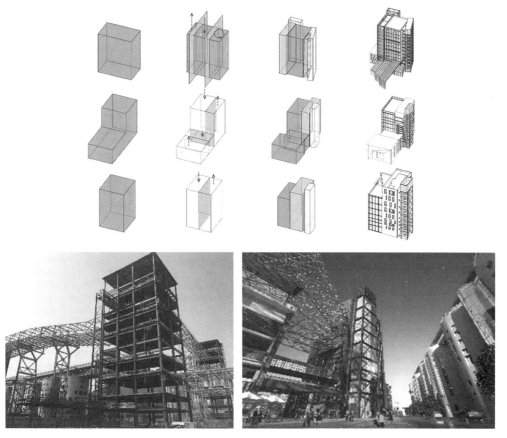

图4.2　各转运站保留原结构并外置交通空间的改造策略

2）对话自然景观

西侧石景山和南侧秀池水体的自然存在，为项目在拥有强烈工业感的同时，打破"封闭大墙"，植入开放式景观廊道、主入口通廊和公共空间，让园区内外景观能够积极对话（图4.3）。

图4.3 与外部景观的对话

园区设置了穿行于建筑之间和屋面的"室外楼梯+栈桥"的步行系统，为整个建筑群在保持工业遗存原真性的同时叠加了园林化特质（图4.4）。

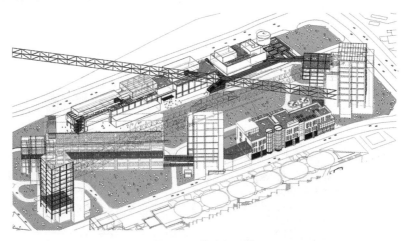

图4.4 立体步行系统

3）建构院落尺度

巨型工业尺度让人缺乏亲近和安全感，本项目在几十乃至上百米的工业尺度和精巧的人体工程学尺度之间植入一到两层的中尺度新建筑，弥合原有大与小尺度的差异。保留的小水塔改造成特色奥运展厅，压差发电室改造成咖啡厅等一系列和人性尺度相关的小尺度建筑，为园区塑造细腻丰富的尺度关系画上了重彩的一笔。

4）回归人性空间

通过一系列插建和加建的建筑，原有基地内散落的工业构筑物被细腻地"缝合"了起来，工艺导向下建立的布局被巧妙转化为一个景色宜人、充满活力的不规则五边形院落。

设计以"院"的形式语言回归东方最本真的"聚"的生活态度。这样的院落气质宁静祥和，体现了对人性的尊重，也具备了花园式办公的特质。

3.改造更新情况

在园区创新性规划及风貌研究的指导下，呈现静态保护和动态更新相结合，采用"织补""链接"和"缝合"的设计手法，重新以人为本，梳理了建（构）筑物的空间尺度关系，以新旧材料对比、新旧空间对比延续老首钢"素颜值"的工业美，工业遗存与现代元素相融合，让原本的"炼铁料场、筒仓"变身为具有独特风貌的"办公空间"。

项目以工业遗存活化利用为主，在尊重原有工业遗存风貌的基础上进行功能改造和空间更新，改造后主要功能为办公、会议及其配套服务设施。筒仓及料仓，主要用于存储炼铁原料如铁矿、球团、焦炭等，改造后作为区域办公及健身配套使用；转运站原使用功能为物料筛分及通廊支撑，向高炉输送源源不断的矿料用于炼铁，改造后功能为办公及会议使用；联合泵站在生产时主要为高炉提供冷却水，服务于炼铁工艺，改造后成为区域的新闻中心、展示中心及办公配套；除尘机房原功能为原料除尘，改造后为员工餐厅（图4.5）。

图4.5　西十冬奥广场项目改造情况图

具体改造后功能情况见表4.1。

各单体改造后功能表

表4.1

序号	改造前功能	改造后功能
1	料仓	办公楼
2	筒仓	办公楼
3	N1-2转运站	办公楼
4	N3-2及会议中心	办公楼和会议中心
5	N3-3转运站	办公楼
6	N3-17转运站	办公楼
7	空压机站和返矿仓	倒班公寓/工舍酒店
8	停车楼（新建）	停车楼（新建）
9	一三高炉联合泵站	办公楼/新闻中心
10	一三高炉压差发电	商业用房—星巴克
11	$85m^2$除尘	员工餐厅
12	主控室	办公楼
13	能源楼	综合服务楼

4.更新效果

项目更新效果如图4.6～图4.18所示。

图4.6　首钢西十冬奥广场全景—东北视角

图4.7　首钢西十冬奥广场全景—西北视角

图4.8　首钢西十冬奥广场全景—东南视角

（a）筒仓改造前

（b）筒仓改造后

图4.9　筒仓改造后效果

（a）料仓改造前

（b）料仓改造后

图4.10　料仓改造后效果

（a）转运站改造前

（b）转运站改造后

图4.11　转运站改造后效果

（a）空压机房改造前

（b）空压机房改造后

图4.12 空压机房改造后效果

（a）压差发电控制室改造前

（b）压差发电控制室改造后

图4.13 压差发电控制室改造后效果

（a）室外环境改造前

（b）室外环境改造后

图4.14　室外环境改造后效果

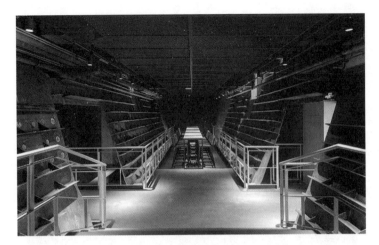

图4.15　返矿仓改造成酒吧后实际效果

图4.16　联合泵站改造成办公楼后实际效果

图4.17　员工餐厅

图4.18　主控室

第二部分　工程创新实践

一、管理篇

1.组织机构

为呼应首钢高质量发展的要求，及首钢非钢产业向城市综合服务商转型的企业战略，首钢园区的改造更新工作建立了"政府主导、智库支撑、企业推进"的工作模式，政企学联动搭建协同工作平台，并在首钢西十冬奥广场项目上予以先行应用。

构建多方参与的科学共同体，多学科、多专业、多部门，形成产学研相结合的技术创新体系，共同完成顶层设计，同步开展专项研究，其形成的产学研探索机制是新型城市建设的重要创新示范。

项目组由业主单位、政府相关部门、高等院校、设计单位等多领域、多学科的专家参与，作为研究平台确定规划设计方向，共同完成研究成果。首钢园区在开发建设推进过程中，进行了一系列专题研究工作，包括产业策划研究、地下空间专项规划、绿色生态专项规划、智慧园区专项规划、交通专项规划、人防专项规划、城市设计导则专项规划等内容。深入落实北京城市总体规划，按照减量增绿要求，完善重点区域控制性详细规划和城市设计，严格控制人口产业规模，不搞大开发，有效发挥规划的引领带动作用。创造性地将织补城市、海绵城市、城市复兴等理念运用到园区建设中。

2.创建多目标整合的工作模式

从宏观、中观、微观的系统维度，依照"战略研究—风貌管控—多规合一—精准设计—组织建设—高效运维"的路径，搭建全面转型的技术创新平台和协调管理平台，统筹规划、建设、管理三大环节。

项目探索规划、建筑、景观一体化的城市设计工作模式，统筹自然、经济、社会、文化多方面关系，确保未来区域建设工作的全面性、协调性和可持续性。新首钢园区的发展建设与北京西部新格局的奠定、与京津冀协同发展、与国家的发展战略紧密相连。新首钢园区在既有工业遗存资源和自然山水资源的基础上，致力于国家先进制造业研发和科技服务业的发展，立足于新时期首都职能的完善，成为国家工业遗存纪念示范和国家科技研发服务创新示范，营造"看得见山，望得见水，记得住首钢"的特色风貌，探索以科技创新和文化创意为引擎的城市复兴之路。

二、技术篇

1.绿色拆旧——"拆降一体化"高耸构筑物拆除技术

目前，常规的高耸建筑物拆除方法有定向爆破拆除、立架外围式人工拆除和机械式破拆技术。这三种技术方法均存在明显的局限和不足，难于满足工业设施改造利用的要求。其中，定向爆破安全允许距离必须在100m外，而高耸构筑物周边工业遗存密集，空间关系紧密，爆破产生的冲击波和碎石物将对周边环境产生破坏。传统立架外围式人工拆除方法施工速度慢，人工、材料成本高，拖延项目改造的速度。机械式破拆技术将使高耸建筑物的倒向产生不确定性，对周边工业遗存造成极大威胁，倒塌时产生的大量粉尘也会造成环境污染。

为解决上述技术难题，研发了"同拆同降"的作业平台，形成了针对复杂工况条件下的"拆降一体化"高耸建筑物拆除成套关键技术，包括：（1）同拆降、拆降一体化高空作业施工平台设计（图4.19）；（2）平台钢丝绳受拉能力及平台槽钢"门"字架构件的刚性计算；（3）拆除平台伸缩降落控制技术；（4）垂直输送设备安装。形成了"受力模拟分析+平台设计+施工技术"的整体解决方案，突破了传统拆除技术因空间、环境因素受限的技术瓶颈，相比传统的立架外围式人工拆除方法，可缩短工期25%，节约成本15%～25%，解决了特殊环境下高耸建筑物的人工拆除高空作业难题。同时，该技术通过在拆除高耸建筑物上方悬空作业，节约了施工场地维护面积；采取水雾喷淋降尘环保措施，实现了拆除的绿色化、生态化。

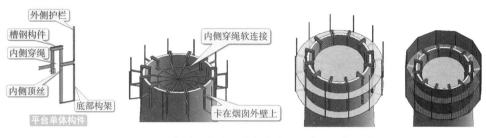

图4.19 同拆降、拆降一体化高空作业施工平台设计

2.安全除旧——超厚筒体切割改造成套技术

西十冬奥广场筒仓改造难度非常大，一是钢筋混凝土筒壁厚度达到600～900mm，是目前所知国内外筒仓改造中最厚的，切割难度极大；二是缺少适应筒仓组合功能分析的预测模型，现有的离散化、针对局部结构的设计方法，无法对刚度大、变形敏感度高、上下部协同作用复杂、荷载工况多的群组型筒仓进行分析。

为解决上述技术难题，项目组通过分析筒仓内外应力荷载之间的耦合关系及筒仓轴力分布规律，开发了首钢BIM建筑信息数据模型系统软件，为用户提供了自定义绘制解决方案。同时为满足改造后建筑采光和立面造型需求，原有筒壁需进行开洞处理，因旧有筒仓的结构受力和改造后结构差异较大，且不满足现行建筑抗震规范的构造要求，需要详细分析新旧结构的受力特点。通过有限元分析，导出开洞后洞口周边的应力情况（图4.20），结合概念分析及专家论证，最终确定洞口的计算方法及开洞方案。

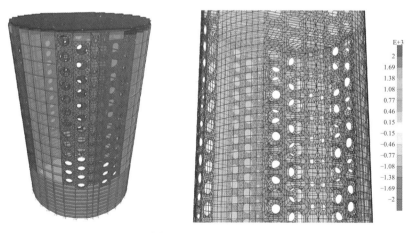

图4.20 筒仓开洞分析模型及周边应力分布

确定筒仓开洞"先下后上、外大里小、分块拆卸、充分保留"的基本原则，进行切割网格定位划分，解决超厚混凝土筒壁曲面切割的大位移变形和开洞扭曲畸变问题，克服了重、长、大筒壁混凝土块在狭小空间内切割拆卸的难题。通过对专用切割设备的操作工艺及筒仓开洞工艺的研究，采用柔性、半刚性或刚性切割方式将实体进行分层、分块保护性切除（图4.21～图4.25）。形成超厚混凝土筒体切割改造的全套技术解决方案，在本项目上得到了良好的应用。

图4.21　圆形筒壁孔洞切割

图4.22　方形筒壁孔洞切割

图4.23　洞口补强修复

图4.24　效果图

图4.25　切割开孔实景效果

3. 固旧如新——工业遗存修复加固综合技术

集成构件置换、增大截面、粘钢粘碳等方法，因地制宜地确定方案，完成了对类型各异、损腐程度有别、功能需求不同的大规模旧有工业建筑和设施进行全方位的综合修复和加固。

按照尽量保留原有结构、保留工业遗存的理念，本着结构安全、经济合理的原则，并根据不同情况采取加固策略，对存在较大面积疏松破损的混凝土构件采用高一强度等级混凝土置换处理（图4.26、图4.27）；对存在破损、开裂、露筋等缺陷的结构构件进行结构修复；框架柱采用加大柱截面法加固；梁采用加大截面和粘贴碳纤维加固（图4.28、图4.29）；新加建部分主体结构（柱、梁）均采用钢结构，对于框架结构高度超限的单体，本次改造将原有框架结构体系改为用钢支撑-钢筋混凝土框架结构体系，楼板及屋面板采用现浇混凝土板。

图4.26　基础置换

图4.27　柱子构件置换

图4.28　梁、柱截面加大

4. 修旧如旧——工业遗存原始风貌保护技术

工业遗存改造的突出问题是为了满足耐久性要求，不得不对立面进行更新，对原有工业风貌特征及历史信息造成了毁灭性的破坏。针对这一技术问题，创新性

图4.29 梁、柱粘钢和粘贴碳纤维加固

地将"干法粒子喷射技术"应用于旧建筑物清洁。研发了"500kg高压水冲洗除锈
→6MPa压缩空气吹扫→6h干燥限时封闭"的低表面处理技术；研制了配套透明涂
层，渗透附着性提高了20%，耐老化性提升了5倍，突破性地实现了带锈涂装。光
泽度<10GU，有妆若无妆，彰显出工业遗存的"素颜"美。

1）干法粒子喷射技术

工舍酒店需保留的原工业厂房涂料外墙、锈蚀金属表面均不能用水清洗，否则
水会对表面产生二次破坏；也不能用化学溶剂进行清洗，否则化学溶剂在溶解污
染物的同时也会和原有表面材料发生化学反应，破坏原有表面的完整性和原真性
（图4.30）。因此，根据实际情况选择了"干法粒子清洁"的技术。该技术是一种物
理清洁方法，原理是用极细的固体微粒子借助气流为动力，喷射清洁对象的表面，
从而使表面附着的污染物被去除（图4.31、图4.32）。

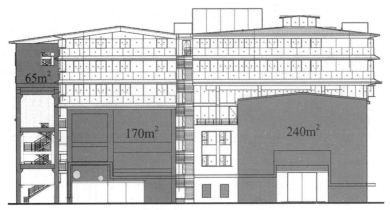

东立面修复旧墙体面积：475m²

图4.30 首钢工舍外墙清洗修复范围示意图

图4.31　首钢工舍外墙清洗前原貌　　　　　图4.32　首钢工舍外墙清洗后效果

2）旧有大型工业设备表面清理技术

工艺流程：积灰清理→按高差单元进行500kg高压水除锈→6MPa压缩空气吹扫→晾干6h→检查除锈效果→进行手工处理→压缩空气6MPa吹扫→改性环氧封闭底漆涂装2道→检查验收合格→改性丙烯酸聚氨酯中间漆1道→检查验收合格→改性亚光氟碳面漆2道→检查验收→处理2个单元接口的位置。

使用HD5022型高压水清洗机先对构件、设备进行整体清理，设备工作压力为50MPa。主要清理设备构件上的浮锈、氧化铁、灰尘、油污以及损坏的部分涂层（图4.33～图4.35）。

图4.33　高压水清理施工

高压水清洗后的钢结构表面立即采用约6MPa的压缩空气吹干，以便获得一个低闪锈程度的表面。鉴于50MPa压力无法完全去除表面锈层，残留的锈层中容易

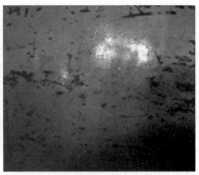

图4.34　有涂层部位高压水清理前后对比

图4.35　无涂层部位高压水清理前后对比

吸附水汽，对于锈蚀严重的表面，吹干时间应适当延长，经过试验确定高压水清理完成6h后，涂刷底漆（图4.36）。

图4.36　冲水后的锈板及吹干后锈板表面形貌

3）旧有大型工业设备钢结构表面涂装技术

首钢技术研究院在经过攻关试验后，研制了一种高附着、高透明度的复合树脂漆作为冬奥广场项目防锈处理的罩面剂，既能阻止钢铁的继续锈蚀，又保持了原有漆面色彩甚至锈蚀的痕迹，定格了时间在表皮上的烙印。建立了以环氧树脂、丙烯酸聚氨酯、氟碳树脂为主体的低表面处理钢结构用透明涂层体系（图4.37），开发了树脂单体成膜控制技术和多种树脂成膜协同控制技术，增强了透明涂料渗透性，提高20%涂层附着力，实现了带锈涂装（表4.2）。发明了基于透明涂层的提高耐腐蚀、耐候性能和降低光泽度的改性控制技术，实现90%透明度+10%反光率，形成4种专用助剂制备和添加控制技术，涂层具备了屏蔽、吸收紫外线及树脂分子结构稳定的特性（图4.38）。

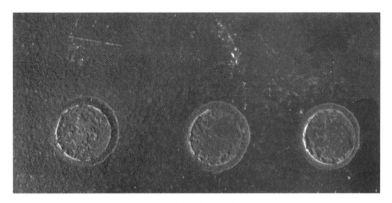

图4.37　综合改性环氧底漆

涂层在锈板表面附着力对比 表4.2

状态	附着力（MPa）			平均（MPa）
传统环氧树脂	6.7	7.2	7.7	7.3
改性环氧树脂	8.1	7.9	9.5	8.7

图4.38　高炉干法除尘部分防腐前后对比

　　自主开发涂层在附着力、耐盐雾腐蚀性能以及耐紫外老化性能方面均优于国际一线品牌（表4.3）。

性能对比表　　　　　　　　　　　　　　　　　　表4.3

项目		厂家		
		北京红狮	HEMPEL	首钢
耐盐雾腐蚀性能		2000h	2000h	3000h
耐紫外老化性能		500h（变黄）	400h（变黄）	3000h
附着力	初始	8.0MPa	5.1MPa	8.7MPa
	盐雾（3000h）	0.7MPa	1.3MPa	1.8MPa
	紫外（1000h）	开裂	开裂	完整4.4MPa

4）旧有结构表面修复技术

修复后的旧结构既起到结构加固、提高耐久性的作用，还改善了表面外观效果。原结构筒体内表面采用挂网喷射混凝土的方式进行修复加固；筒体外侧，采用灌浆料或聚合物砂浆修复；大大提高了筒壁的耐久性（图4.39）。

图4.39　修复前后筒壁情况

5）加速变旧——加速成锈的装饰耐候锈板表面处理技术

发明了离子诱导锈层演变的装饰锈板表面处理技术，促进α-FeOOH生成（图4.40），锈层稳定时间从数年缩短至11d，并解决了锈色不均、锈迹流淌等问题（图4.41、图4.42）。

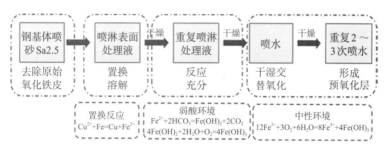

图4.40 表面处理反应原理图

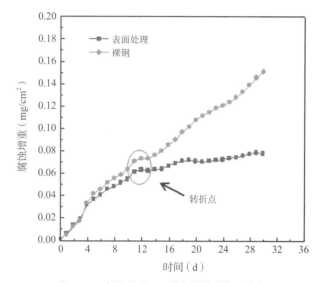

图4.41 表面处理11d后腐蚀增重趋于稳定

（a）第1天　　　　　　　（b）第2天　　　　　　　（c）第11天

图4.42 表面处理

将已加工成型的耐候钢（材质为SQ355NHMQ）通过喷砂去除表面氧化皮，达到Sa2.5级，喷淋表面处理液。处理液中的化学物质与钢基体发生反应，形成一层均匀、致密的保护性锈层，缩短了施工周期，使耐候钢在服役过程中颜色更加均匀，同时也可防止锈液污染环境（图4.43）。

图4.43　锈板完成装饰效果

采用特殊除锈工艺，在自然状态下，表面呈现自然的铁锈颜色，锈色不会随着雨水的冲刷而褪色，充分体现了钢铁老工业的典型元素；随着时间的推移锈色更自然，但锈板自身的强度不会随着时间的推移而降低，体现了现代科技与古老元素的完美结合。

5. 生态利旧——工业改造结合的绿色建筑和再生利用技术

遵循生态化改造的原则，注重自然通风、自然采光及建筑的热工性。结合工业建筑及设施设备的特征，选择适宜的生态化技术，如被动式技术、可再生能源利用以及节水节材技术等，营造良好的室内外环境，打造绿色生态的可持续园区。

提出了大型工业设施生态化改造技术集成优化的技术方法，将适宜的绿色、生态和节能技术应用于工业遗存改造中，与原有工业建筑特点相结合，每年减少建筑耗电量131.65万kWh，减少二氧化碳排放1148t。采取雨水回收利用系统和中水处理系统等非传统水源利用措施，可实现年节约自来水用量约4000t。将项目拆除下来的拆除废物创新回用到本体建设中，使用再生混凝土和砂浆约2000m³、再生骨料透水砖1.6万m²、路基再生无机料5.5万t，减少了建筑垃圾排放。项目形成《旧工业建筑绿色再生技术标准》，获得LEED-CS金级认证、LEED-CI铂金级认证、绿色建筑三星认证和"北京市绿色生态示范区"称号。

1）最大可能充分利旧

工业建筑体量庞大，且建筑寿命相对较长，所以改造过程中，在满足使用功能和结构安全的前提下，尽可能地保留原有结构，最大可能地物尽其用，并避免大量建筑废弃物流入环境中造成二次污染。

本项目充分利用旧有工业的建筑、构件和设施，节省了拆除和新建的时间和成本。原场地内共有建（构）筑物39座，总建筑面积约3.8万m²，项目总计留存各类建（构）筑物30座，建筑面积约3.3万m²。与同规模原地新建建筑相比，减少了资源浪费，节材效果和经济效益明显。项目利用旧有建筑面积61569.34m²，占总建筑面积的57.23%，共节省土方约43653m³、基础钢筋混凝土约4876m³、结构钢筋混凝土约14127m³、钢材约825t。仅利用原有结构为项目节省的费用达2041万元。

2）拆除废物回用本体

秉承绿色办奥的理念，在西十冬奥广场的建设中，全面采用首钢资源公司使用建筑废弃物自产的再生骨料、再生无机混合料、再生砌块、再生干混砂浆、再生混凝土等绿色建材，实现了建筑废弃物在园区就地拆除、就地处理、就地利用，提升了园区的循环经济水平。

可再生材料制砖的应用：西十冬奥广场项目景观硬质铺装中使用了再生建筑骨料生态砌块砖，该种砖以老厂区拆除的建筑垃圾为原料制成，达到了《非烧结垃圾尾矿砖》JC/T 422—2007技术规范的各项要求。该砖具有很好的生态性、延续性和耐候性。抗压强度可达到MU20，可满足场地多种使用要求。在本项目中，共铺装使用了1.6万m²（图4.44）。

图4.44 铺装效果图

再生混凝土和砂浆的应用：项目在非承重的混凝土应用部位，包括防水层、圈梁、过梁、构造柱、垫层、女儿墙、返水台等部位，全部采用首钢自产的再生细石混凝土。该再生细石混凝土以粒径为5～10mm的再生骨料替代天然骨料，替代率为100%，强度等级达到C25，累计用量共计1027m³。二次结构砌筑等使用再生干混砂浆，共计用量达2100t（图4.45）。

园区道路再生材料的应用：西十冬奥广场项目的主要道路，除沥青面层

图4.45　再生砂浆砌筑二次结构

外，其余部位全面采用首钢自产的再生水稳无机混合料产品，强度等级分别达到2MPa、4MPa，累计使用再生无机料5.5万t，实现了再生产品在该路段的全方位集成循环利用（图4.46）。

图4.46　园区道路效果图

再生透水混凝土的应用：本项目自行车道路面均采用再生透水混凝土，透水材料使雨水过滤及下渗地面，以起到持续性涵养水源、调节雨水径流、减少城市热岛效应的作用。其中透水面层全部采用3～5mm混凝土类再生骨料制备。2017年9月，北京市道路工程质量监督站与交通运输部公路科学研究院对此路面进行了后续跟踪检测，透水道路强度达C25，再生骨料替代率达100%，透水系数达0.9mm/s，路面情况及透水性能满足应用要求（图4.47）。

再生混凝土和砂浆的应用：西十冬奥园区绿化带种植土拌合再生砖瓦类骨料，充分利用砖瓦类孔隙率大、保水性好、颜色鲜艳等特点，使整园区显得更加生机（图4.48）。

图4.47 透水路面试验及铺设情况

图4.48 种植土拌合再生砖瓦类骨料

废弃建筑材料和废弃设备设施在景观中的应用：首钢厂区大量拆除后的废弃材料和设备设施极具工业特色，本项目在室内外景观和设施施工过程中，积极回收现场废弃材料，尽可能利用这些元素，通过艺术加工成为环境设施、景观雕塑小品等，服务于景观环境建设，重建场地记忆（图4.49～图4.52）。

第三部分 总结

一、技术创新和获奖情况

首钢西十冬奥广场项目结合工程的特点难点，在新技术的应用中进行突破研究

图4.49 拆除的混凝土、废旧设备制成雕塑小品

图4.50 铁轨、枕木沿线设计为景观水渠、花槽

图4.51 废旧的铁轨和钢板组成奥组委的入口

图4.52　返矿仓内部改造成酒吧

和创新实践，总结形成了本工程具有代表意义的多项关键创新技术。形成专利21项、软件著作权8项、行业和团体标准8项、部级工法2项，发表论文10余篇；经住房和城乡建设部组织的成果评价，该项目整体水平达到国际先进水平，其中"大型工业设施遗产保护与改造利用相融合的技术达到国际领先水平"。项目获得国家优质工程奖和第七届Construction21国际"绿色解决方案奖""既有建筑绿色改造解决方案奖""国际特别提名奖"等20余项国内外奖项。

二、技术创新和示范意义

自项目竣工投入运行以后，为冬奥组委提供容纳1500人的办公场地，成为北京冬奥会的大本营，并圆满地完成了2022年北京冬奥会的赛事筹办和赛会组织工作。国际奥委会主席巴赫称赞说："北京冬奥组委选择在首钢园区办公让老工业遗存重焕生机，工业旧址上建起标志性建筑，这个理念在全世界都可以说是领先的，做出了一个极佳的示范"。

三、社会环境效益

首钢西十冬奥广场项目是首钢主厂区改造落地实施的第一个项目，是北京市政府支持首钢转型、积极导入的核心功能，是首钢园区功能定位落地的核心锚固点和撬动点，也是国家第一个规范化的大型工业设施改造利用项目。本项目是钢铁企业老工业区改造的一个缩影，是新时代下中国传统产业向现代高端产业转变的试金石，为我国钢铁企业老工业区改造升级提供典范，通过以上施工技术的研究和应用，本项目取得了良好的经济效益、社会效益和环境效益，必将会形成示范效应，推动全国工业遗产保护与改造利用工作的高质量发展。项目形成的成套技术和工程经验，将带动城市规划、建筑设计、遗产保护、环境修复、结构加固、生态节能、智能化管控等领域技术升级，推广应用前景广阔。

四、经济效益

冬奥组委搬离西十冬奥办公区后，首钢积极遵循市政府工作要求，深化京西地区转型发展，做好新首钢工业遗存和冬奥遗产可持续利用，切实利用冬奥资源转化为园区发展动能，将结合首钢园区产业定位，围绕人工智能、元宇宙、科技创新服务、科技金融、科技体育文化融合的跨界业态对接新的合作伙伴进行招商，重点引入国家重点支持的高精尖产业、央企二级公司总部、国企总部、科技企业等可独立衍生上下游生态的产业组团。

通过西十冬奥项目的改造建设，构建了城区老工业区转型发展新路径，项目实施促经济发展能力逐步显现。随着北京2022年冬奥会冬残奥会组委会顺利入驻，首钢抢抓机遇，着力培育新的经济增长点，改造后的老工业区陆续迎来腾讯科技、中国联通、咪咕文化、探月中心、航天科工等国内外知名企业入驻。首钢老工业区凤凰涅槃，实现了新旧动能转换和结构优化升级，租金收益增加，土地及工业资产实现增值，极大地推动了首钢老工业区实现"新首钢、新空间、新动能"，为全面打造新时代首都城市复兴新地标的总目标打下了坚实的经济基础。

专家点评

首钢西十冬奥广场作为首钢北京园区改造更新的首个启动项目，已经成为一个旧有工业遗存更新改造的典型案例，具有很好的示范引领作用。

项目针对首钢工业遗产保护与改造利用的迫切需求和面临的挑战，遵循"科技、节能、环保、智能、舒适"的建设目标和"先进适用、系统配套、整体最优"的建设原则，不但保留了原有的建筑风貌特色，又赋予了它新的功能和新的生命，工业遗存与现代元素相融合，让原本的"炼铁料场"变身为具有独特风貌的"创意广场"。体现了对工业遗产的尊重和历史记忆的延续，实现了工业遗产保护与改造利用双赢。

西十筒仓改造项目遵循园区创新性规划及风貌研究指导，本着"忠实地保留"和"谨慎地加建"原则，在尊重原有工业遗存风貌和保留原有工艺流程的基础上进行功能改造和空间更新，静态保护和动态更新相结合。通过规划设计、遗产保护、环境修复、结构加固、生态节能、智能化等多学科协同攻关，在工业设施功能提升及生态化改造的技术方法、大型工业设施改造方面都具有较大创新性。

该项目实现了工业遗存与奥林匹克的巧妙结合，诠释了可持续发展、节俭办赛的奥运理念，为2022年冬奥会成功举办奠定了坚实的基础，获得了国内外高度赞誉。该项目成为奥林匹克运动推动城市发展的典范、工业遗存再利用和工业区复兴的典范，实现了工业遗产创造性转化和创新性发展，取得了良好的社会效益和经济效益，必将推动全国工业遗产保护与改造利用工作的高质量发展，并带动相关领域技术升级，因夏奥而生，因冬奥而兴，以首钢西十冬奥广场项目为首的整体园区改造更新，让历经风雨的百年首钢，实现了从火到冰的华丽转身。

5

保定市西大街历史文化街区
保护更新二期工程项目

第一部分　项目综述

一、项目背景

1.项目概述

1）项目地理位置

保定市西大街，位于河北省保定市中心，西起恒祥大街，东至莲池大街。始建于宋代淳化年间，成于元、兴于清，是中国国内保存较为完好的具有明清、民国时期风貌特色的历史文化街区，曾被誉为"直隶第一街"和"北方名街"，是历史文化名城保定的标志和表征。

保定市西大街东西长约846m，均宽7.5m，整体建筑具有明、清、民国时期风貌特色，以文化商业建筑为主，兼有衙署、学府、祠堂、水社、金融、传统民居建筑。保定市西大街主路面是用青石材料铺成的，给人以直观的厚重感。在建筑风格上，保定市西大街以二层建筑为主，有坡顶灰墙、半圆拱顶门窗、西洋建筑风格的壁柱、半圆窗拱券，立面有装饰线和花饰及保存完好的砖雕工艺，山墙为中国传统民居风格的马头墙。保定市西大街建筑以其独特的建筑风貌，形成了"中西合璧、南北交融"的建筑画廊。

2）开竣工时间、建设工期特别要求和特征

西大街历史文化街区保护更新工程开竣工时间为2022年3月25日—2023年9月30日，在施工过程中为满足西大街临街面正常开街试运营，施工节点定在2022年11月11日，为完成该施工节点，施工单位合理组织现场施工，加强团队建设，及时与设计单位有效沟通，在设计单位、建设单位、监理单位的共同努力下，保证了该施工节点的顺利完成。

3）工程相关方

建设单位：保定古城保护建设开发有限公司

监理单位：河北永诚工程项目管理有限公司

设计单位：北京华清安地建筑设计有限公司（联合体成员）

施工单位：河北建设集团生态环境有限公司（联合体牵头人）

2. 项目历史

西大街以衙署起源，从北宋至民国有宋代杨延昭保州知府、缘边都巡检使、团练史、防御使衙署，金代顺天军节度使署，元代顺天路总管府，明代保定总兵署、保定总监军署、保定巡抚署，清代直隶巡抚署（后改总督署）、钱谷道署、藩库厅、参将署、保定府清军同知署等衙署延续不断在这条街上，衙署（包括省、路、州、道及军事衙门）等级从一品大员至七品官员。到民国时期，范阳道观察使署、保定道伊公署，中华人民共和国成立后省公安厅、中共保定市委等都曾驻西大街。

西大街还有宋代大儒程颐、程颢的"二程书院""上谷书院"，民国年间的"法政学堂""第二模范学校"等知名学府，明朝第一谏臣杨继盛祠、清直隶贤良祠、直隶总督曾国藩祠、救世军等祠宇，明末清初宰相洪承畴府宅、直隶总督李鸿章公馆、民国教育家李石曾住宅等名人故居，四川、湖广、山西商会会馆，毛泽东下榻的第一客栈、中共早期革命红色报刊及书籍印刷发行机构协生书局等革命遗址。这些古迹遗址，密集地分布在这条古街上，承载着古城多彩的历史文化。

长期以来，由于自然和人为的原因，使西大街传统风貌受到很大程度的破坏：

1）缺乏保护和管理，沿街文物古迹破坏严重

如文物保护单位贤良祠，由于院内居民保护意识不够，随意拆改、破坏、搭建临时用房，目前只有入口大门还保存着原有的样貌。杨继盛祠内墙壁、屋瓦、檐椽均遭到不同等级的破坏，急需维修。有些建筑虽经过维修，但是由于工人、居民改建时用材不讲究，同样需要重新修整。

2）部分建筑不符合西大街的历史风貌

街区内现存部分建筑体量过大，改变了原有的空间尺度，破坏了空间氛围。除此之外，还有一些建筑在进行外立面翻修时没有考虑与原有建筑风格保持一致，格格不入，削弱了整体文化氛围。

3）沿街店铺经营混杂，广告牌匾凌乱，缺乏地方特色，与整体文化气质不符

西大街作为古城重要的历史文化街区，其历史地位不容忽视，如今街区内大量的自行车、劳保、寿衣、外贸服饰等商店严重影响了街区的文化氛围，且与西大街

整体气质、历史地位严重不符，而那些能够反映西大街文化底蕴的艺术行业如古玩、字画、图书、文房四宝等在街区中比例太小，使得西大街的文化氛围被减弱。

所以要想让这条拥有保定文化底蕴的古街，重新焕发光彩，改造之路势在必行。

二、项目难点

1.设计理念

通过对西大街街区景观现状的分析，总结保定城市的历史沿革、古城文化以及西大街现状中所存在的问题。具体问题具体分析，提出适用于西大街历史文化街区景观改造设计中所采取的解决方法，如下：

1）尊重城市人文历史

古城保定西大街历史文化街区景观改造设计，对西大街现有的历史文化遗留，采取有效措施加强保护，保护历史真实的样貌和信息，保护古城基因和记忆。通过对街道深入的调查分析，探索旧城的历史脉络，提取重要的历史碎片，再现旧城区的文化底蕴。

2）因地制宜，运用本土资源

保定作为古城，其文化丰富多彩且涵盖面广，西大街在设计时，从众多方面提炼出有价值的符号运用于老街的改造中。用本土语言，讲述当地独具特色的故事，展示浓郁的地域文化。

3）不同建筑采取不同的保护政策

对原始历史街区的改造设计，根据不同类型、年代、工艺、价值等对重要的历史建筑群进行分类，对不同等级的空间采取不同的改造手段。其中，建筑立面在改造时遵循"建筑上统一"和"符合城市环境特性"的要求。

4）提高民众的参与度

提高民众参与度，让民众自发地加入历史文化街区保护的行列中，建造属于民众所需所想的历史街区。真正地改善居民的生活环境，为居民带来便利，同时提升街区的活力，使老街恢复昔日的繁华。

2.项目改造对比

（1）通过改造建筑本体结构形式，达到建筑风貌改造效果（图5.1）。

（2）通过拆除现场违建及建筑物部分非承重结构，恢复建筑物本体最初风貌（图5.2、图5.3）。

图5.1 改造前后对比

图5.2 改造前　　　　　　　　　　　　　　图5.3 改造后

（3）对现状保存较好的建筑，进行外立面修缮及门窗更换，从而达到提升原建筑风貌效果（图5.4、图5.5）。

图5.4 改造前　　　　　　　　　　　　　　图5.5 改造后

（4）通过改造建筑物屋顶构造及综合布局，对西大街全段临街建筑物进行部分建筑屋顶改造，平屋顶改造成民国风坡屋顶，从而使西大街整体俯瞰效果得到提升。

（5）增加景观绿化及成品设施，对西大街重要节点进行特选苗木孤栽，在街角处增加藤本类植物，在建筑物入口处增设成品花箱，从而增加街区氛围（图5.6、图5.7）。

图5.6　景观绿化

图5.7　成品花箱

第二部分　工程创新实践

一、管理篇

1.组织机构

2021年，保定市委、市政府提出建设现代化品质生活之城的目标，并将古城保护放在核心位置。保定市委书记党晓龙强调，让历史文化名城活起来，坚持文化兴市、艺术筑城，着力建设"美学时代"的品质生活之城，将保定古城打造成中华优秀传统文化集中展示区。市长闫继红要求，古城保护更新要坚持人民至上，建设有思念、有味道、有故事的主客共享的城市会客厅，打造全国瞩目、世界闻名的文化旅游品牌。保定市按照"管委会+运营公司"模式，成立了古城管委会，并由保定市文化产业发展集团有限责任公司成立古城保护建设开发公司，专门负责西大街改造更新全部任务落实，充分挖掘保定丰富的历史文化和非遗老字号资源，让历史文化遗产活化赋予城市新魅力。

西大街的改造对标南京、福州、绍兴、景德镇等国内知名历史文化遗产利用项目，充分借鉴成功案例、谋划实施经验，将规划设计作为高标准推进历史文化遗产保护利用的总开关。聘请在国内具有良好口碑、丰富经验和成功案例的清华同衡规划设计研究院遗产保护与城乡发展研究中心负责编制《保定古城保护更新整体提升规划》，聘请国家工程勘察设计大师、清华大学教授张杰为古城保护更新总规划师。同时由河北建设集团生态环境有限公司担任施工任务。

2.重大管理措施

1）整体规划方面

在总结以往西大街乃至保定古城改造的经验基础上，保定古城管委会确定了西大街修缮六条基本原则。

（1）整体性原则，将西大街纳入古城及其环境协调区作为整体进行规划设计，通盘谋划建设、管理和运营。

（2）系统性原则，按照历史文化名城保护的特殊要求，对街区每一栋建筑现状进行三维测绘、安全结构检测、建筑风貌评估，对存在安全隐患的建筑和需要结构调整的建筑进行加固施工，在工程设计中既确保建筑风貌提升又充分考虑未来运营需求。

（3）专业性原则，尊重专家团队意见，规划设计单位全程跟踪指导每一个实施环节。用传统材料、传统工艺恢复老城记忆。每一栋建筑、每一个立面、每一扇门窗都要反复论证、专门设计。

（4）生长性原则，在整体风貌和谐统一的基础上，保存好不同时期、不同风格的建筑遗存。通过多元文化建筑遗存，展示保定古城的开放、包容与时尚。即使是违章建筑，凡与街区风貌风格不冲突、有创意的节点都尽量保留下来，目的就是让外地人、后来者感受西大街是一条延续几百年文化特质的历史街区。

（5）程序性原则，严格按照历史文化名城保护的相关法定程序实施，一环扣一环推进，保证项目健康平稳推进。本次《保定古城保护更新整体提升规划》，严格遵守了《保定市历史文化名城保护规划》《保定市国土空间利用规划》等上位规划确定的基本原则与硬性要求，并进一步深化细化，提高了规划的前瞻性与可行性。对重点建筑保护和文物建设控制地带的改造提升，严格按国家政策进行地质勘查、考古与方案上报，坚决不因保护而造成遗憾。

（6）持续性原则，坚持系统谋划、整体规划、分步实施、持续发力。坚持一张蓝图一个思路，一茬接着一茬干。逐步落实古城功能疏解、人群置换、市政改造、建筑修缮、业态培育计划，打造保定人民认可、外地游客向往的旅游目的地。

2）施工技术方面

作为一条百年以上的历史老街，西大街的原有建筑受历史条件制约，不具备消防、抗震等条件，狭窄的节点空间内埋设着不同时期铺设的供水、排污、雨水、电力、通信等管道线路，且由于年久失修功能不全，沿街住户商家私拉乱接的管线比比皆是。消防基础设施完全缺失，没有入户消防设施，没有安全逃生通道。如何做到历史文化街区建筑最大限度保护与消防安全协调统一，成为本次西大街改造的一大难题。所以对西大街地下市政管网进行了集中整改，疏通管道、更换设备，电力部门对全路段供电设备重新设计施工。聘请专业消防设计咨询机构参与消防设计论证，召开两次专家评审会议，请国内知名专家对历史文化街区消防改造的基本原则与思路进行论证指导。以防火组团划分的办法，实现历史建筑消防安全提升，根据不同建筑体量，采取不同措施解决消防安全问题。全街增设信息化系统，实现无线网络、24h监控全覆盖。利用建筑墙体照明解决原有街区路灯老化问题，全街区增设城市家具座椅、休息休憩场所和导视系统，提高市民和游客体验感。西大街街区外观上存在墙体破裂等影响美观的问题，采用老青砖切片仿古饰面施工技术、历史建筑外墙水刷石墙面施工技术等关键技术提高古街的美观，让西大街既古朴又时尚。

3.技术创新激励机制

以实践带动学习，在项目策划阶段，根据项目特点，制定课题的研究方向和关键技术路线，预控科技成果类型，深化科技管理运行机制；在项目运行阶段，建立高效的工作团队，明确人员之间的分工，包括工艺控制、技术支持、研究设计等，各有重点又彼此协作，加强团队意识，培养合作默契。同时开展科技管理工作的培训交流和宣传，加强执行力和责任教育，提高科技管理人员的能力水平，提高科技工作效率。

二、技术篇

针对难点的解决，形成了如下相应关键技术。

1.关键技术成果一：老青砖切片仿古饰面施工技术

1）关键技术成果产生的背景、原因

随着建筑业的发展和产业的调整，古建筑的翻修及保护亦为建筑的重要领域，这些建筑由于时间久远，大多破坏严重，甚至有的结构也存在安全隐患，在古建筑恢复的过程中，为了保留这些建筑的特色，打造这些古建筑的灵魂，就需要对这些建筑进行修复和恢复重建，那么怎么在旧建筑的修复和重建中使建筑恢复原有建筑外观特色，是特别重要的。本工程中在对旧建筑和特色建筑的保护恢复中，采用老青砖切片及粘贴工艺应用于旧建筑改造和恢复中，而青砖切片工艺是为了更好地呈现原建筑的特色和风貌而总结出的替代性技术，对旧建筑的改造和恢复有指导性的作用，通过实际应用，实践证明了青砖切片工艺在旧建筑的恢复改造中所体现的价值，既完美呈现了旧建筑的特点风貌，又使旧建筑材料得到了再利用。

2）本技术对应的项目难点和特点

保定市西大街历史文化街区保护更新二期工程主要施工内容包括建筑框架结构、古墙砌筑、屋面瓦、门窗、局部木檩结构、绿化等。在对旧建筑的改造恢复中使用了框架结构，外墙饰面为装饰古青砖切片。为恢复打造建筑的原有特色，最大程度还原原有建筑的外观，需对建筑外观进行做旧。如果直接采用青砖砌筑，原建筑剔凿范围较大，会影响结构的稳定性，同时会影响柱子和古墙凸出外立面的尺寸，影响外观效果，无法还原旧建筑原有的外观尺度；如果采用粘贴仿古砖，既有色差也无法最大程度还原原有旧建筑的风貌。因此，在框架结构旧建筑外墙面恢复中采用旧青砖切片砌筑粘贴工艺代替仿古砖粘贴的方式，具有创新意义，也使旧的建筑青砖得到了再利用。

3）主要施工措施和施工方法

在施工中使用的老青砖大部分来自清朝末年及民国时期。老青砖切片粘贴工艺主要是指把旧青砖切割加工为一种薄片式材料，砌筑粘贴施工完毕后满足建筑立面装饰观感要求的砌筑粘贴工艺。在装饰古砖砌体过程中，选择外观好、没有残缺的老青砖进行切割。切割过程中控制好厚度，太薄影响切片的强度，容易碎裂，太厚达不到外立面效果，也影响砌筑粘贴质量。

主要施工工艺流程如图5.8所示。

第一步：修复面基础剔凿清理

首先将墙面和柱面的基层剔凿干净。剔凿完成后对整体墙面和柱面进行冲刷，目的是把墙体和柱体的灰尘残渣清刷干净。

第二步：根据修复面实际情况进行切片排版

根据修复面实际尺寸进行切片排版，排版规格如图5.9～图5.11所示。

（1）所有切片厚度均为15mm。

（2）普通墙面使用长240mm×宽120mm×高53mm老青砖切成的条形切片，即长240mm×厚15mm×高53mm的切片，由于老砖切片面层砖边不顺直，需在现场进行二次加工，加工后的切片规格为长230mm×厚15mm×高53mm。

（3）柱面根据现场实际立柱尺寸分别镶贴条形切片和拐角切片：

条形切片：

①对于宽度在450mm以下的立柱使用长240mm×宽120mm×高53mm老青砖切成的条形切片，即长240mm×厚15mm×高53mm的切片，二次加工后切片规格为长230mm×厚15mm×高53mm。

②对于宽度在450mm以上的立柱使用长280mm×宽140mm×高53mm老青砖切成的条形切片，即长280mm×厚15mm×高53mm的切片，二次加工后切片规格为长270mm×厚15mm×高53mm。

拐角切片：

①对于宽度在450mm以下的立柱，使用长240mm×宽120mm×高53mm老青砖切成的拐角切片，即长240mm×宽120mm×高53mm×厚15mm的切片，二次加工后切片规格为长230mm×宽113mm×高53mm×厚15mm。

②对于宽度在450mm以上的立柱，使用长280mm×宽140mm×高53mm老青砖切成的拐角切片，即长280mm×宽140mm×高53mm×厚15mm的切片，二次加工后切片规格为长270mm×宽135mm×高53mm×厚15mm。

第三步：老青砖在加工厂的加工要求

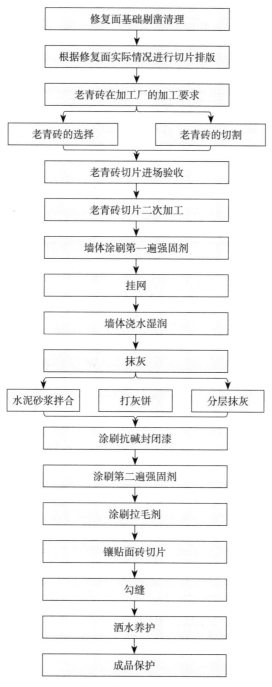

图5.8 施工工艺流程图

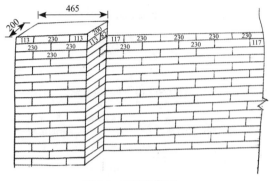

图5.9 形砖排版图

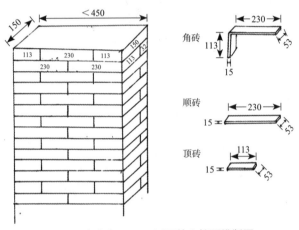

图5.10 宽度在450mm以下的立柱面排版图

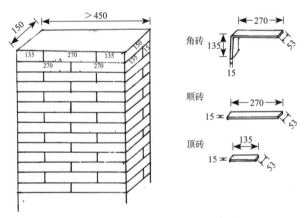

图5.11 宽度在450mm以上的立柱面排版图

（1）老青砖的选择

老青砖的选择极为重要，对于工程质量影响较大，需要使用规格尺寸合格、方正平直、边角平整，没有任何边角损坏或者凹凸不平的清末至民国的老青砖，如果色差较大或者有严重缺损，禁止应用到工程中。需要注意的是在材料选择环节，还需要采取试验的方式去确定材料的抗压、抗裂形式，使其能够达到旧建筑修复的标准要求（图5.12）。

图5.12　老青砖的选择

（2）老青砖的切割

选择合格的老青砖材料，根据现场排砖标准进行加工处理，使用切割机加工成为符合要求的尺寸，然后做好环保处理，通过吸尘设备达到降尘的效果。在切割时，需要做好砖片厚度的控制，达到均匀性的要求，厚度控制在15mm，偏差尺寸控制在2mm以内。使用两种老青砖进行切割：一种是长240mm×宽120mm×高53mm的老青砖，一种是长280mm×宽140mm×高53mm的老青砖（图5.13）。

图5.13　老青砖的切割

第四步：老青砖切片进场验收

老青砖切片在加工厂加工完成后，运到现场进行验收，检查切片表面无麻面、无缺角、无污染。对于尺寸偏差大、色差大、有结疤的切片一律不使用（图5.14）。

图5.14 老青砖切片的进场验收

第五步：老青砖切片二次加工

老青砖现场验收完成后，为确保整体立面效果，需对到场切片进行二次加工，总体加工流程如图5.15和图5.16所示。

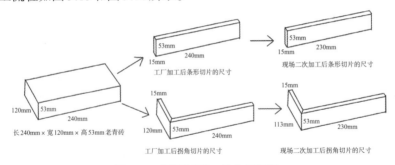

图5.15 老青砖切片二次加工流程一

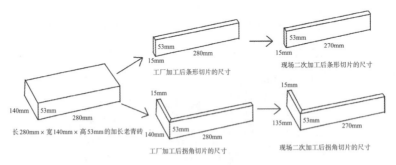

图5.16 老青砖切片二次加工流程二

第六步：墙体涂刷第一遍强固剂

在上一道基层清理工序完成后，用滚刷等工具将强固剂涂抹在墙面，涂1遍即可（注意：涂刷强固剂在墙面施工的温度必须是5℃以上，未用完的强固剂一定要进行密封，严禁与其他品牌的胶粘剂混合使用）（图5.17）。

图5.17 墙体涂刷第一遍强固剂

第七步：挂网

涂刷完强固剂后，在强固剂初凝前进行悬挂钢丝网，钢丝网规格为12mm×12mm。悬挂钢丝网的面层为原古墙面、砖和混凝土结合面及钢筋混凝土拉梁，挂网应做到平整、牢固（图5.18）。

图5.18 挂网

第八步：墙体浇水湿润

一般在抹灰的前一天，用水管或喷壶顺墙自上而下浇水湿润，不同的墙体、不同的环境需要不同的浇水量。浇水分次进行，以墙体既湿润又不泌水为宜（图5.19）。

第九步：抹灰

（1）水泥砂浆拌合

本工法使用的是强度等级为42.5MPa的抗碱水泥，水泥和沙的比例是1:3。搅拌方式分为机械搅拌和人工搅拌（图5.20）。

图5.19　墙体浇水湿润

图5.20　水泥砂浆拌合

机械搅拌：向转动的搅拌机中加入适量的水，然后将沙子倒入搅拌机内，先搅拌1min，再加入水泥及其余的水继续搅拌均匀，并达到配合比要求的稠度，搅拌总时间不得少于3min。人工搅拌：零星砂浆可以人工搅拌，先将水泥和砂按重量比的要求（或体积比）倒在硬地坪（铁板）上，干拌均匀，然后再加水搅拌成砂浆。

（2）打灰饼

灰饼是泥工粉刷或浇筑地坪时用来控制建筑标高及墙面平整度、垂直度的水泥块。打灰饼的主要目的就是控制抹灰的厚度一致，且保证水平及垂直度的施工质量，本工法中是边长2m正方形做一个灰饼。

操作时应先抹上灰饼，再抹下灰饼，抹灰饼时应根据抹灰要求，确定灰饼的正确位置，再用靠尺找好垂直与平整，灰饼宜用1:3水泥砂浆抹成边长50mm正方形形状。灰饼间隔误差为水平方向5mm，垂直方向3mm（图5.21）。

（3）分层抹灰

如果抹灰厚度在2cm以内，抹一遍灰即可，如果超过2cm，必须分层抹灰，即在上一层水泥砂浆初凝后进行下一层水泥砂浆的涂抹。抹灰层与基层之间和各抹灰

图 5.21　打灰饼

层之间必须粘结牢固，抹灰层无脱层、空鼓，面层无爆灰和裂缝。普通抹灰表面应光滑、洁净，接槎平整，分格缝应清晰。抹灰层总厚度应符合设计要求。抹灰完成后一般在24h后进行养护，应保证连续潮湿养护不少于7昼夜（图5.22）。

第十步：涂刷抗碱封闭漆

待抹灰养护完成后，涂刷抗碱封闭漆。待涂表面必须清洁干燥且光滑，无灰尘、油脂和其他表面污染物。使用辊筒刷涂刷一遍即可，两道漆重叠5cm（图5.23）。注意：抗碱封闭漆的施工温度不低于5℃，施工湿度应为15%～85%，并且严禁在使用过程中接触明火。

图 5.22　分层抹灰　　　　　　图 5.23　涂刷抗碱封闭漆

第十一步：涂刷第二遍强固剂

待封闭漆晾干后进行第二遍强固剂涂抹工作，操作流程与涂刷第一遍强固剂一致（图5.24）。

图5.24　涂刷第二遍强固剂

第十二步：涂刷拉毛剂

待强固剂终凝后，涂刷拉毛剂。墙柱体涂装拉毛剂顺序要先上后下，从檐槽、柱顶、横梁和椽子到墙壁、门窗和底板。其中每一部分也须自上而下依次涂刷。在涂刷每一部位时，中途不能停顿，如果不得不停下来，也要选择房子结构上原有的连接部位，如墙面与窗框衔接处，这样就能避免难看的接缝。拉毛剂涂刷一遍即可，涂刷时两道拉毛剂不用重叠，自然等待拉毛剂终凝。

拉毛是用拉毛辊筒滚涂施工的一种施工工艺，漆膜具有一定的立体感。因为辊筒是带有孔隙的，施工过程中会混入一些空气，导致部分小气泡产生，产品粘度过低时，气泡更容易产生，因此施工时禁止加水（图5.25）。

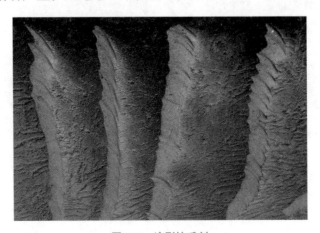

图5.25　涂刷拉毛剂

第十三步：镶贴面砖切片

本工法镶贴面砖切片时，直接将胶粘剂涂抹到切片背部后镶贴到墙面或柱面上（图5.26）。

图5.26　镶贴面砖切片

面砖切片在镶贴之前，要先将面砖清扫干净，然后放在清水中浸泡2h以上再取出，待表面晾干或擦干净后，方可使用。

镶贴的顺序是自上而下进行，但大面积镶贴需分段分层进行，分段分层的镶贴程序是先下段再上段，而且要先镶贴附墙柱，后镶贴墙面，再镶贴窗间墙。

镶贴面砖切片时，根据排版尺寸弹纵、横控制线，在阴阳角部位拉垂线，通向控制。

镶贴面砖切片采用抗下坠型瓷砖胶粘剂，涂抹到切片后的胶粘剂厚度控制在5～7mm（视切片厚度情况而定），铺装缝隙控制在4～5mm，贴上墙后用灰铲柄轻轻敲打，使之附线平整。再用钢片刀调整竖缝，并用杠尺通过标准点，调整平面垂直度。粘贴完一行后，随手将面砖表面擦干净。

第十四步：勾缝

在镶贴完一块墙面或待全部墙面完成并经检查修整合格后，即可进行勾缝。勾缝前对已铺完墙体提前12h进行浇水湿润。勾缝为凹缝，下凹1～2mm，缝宽为5～6mm。勾缝用白水泥掺砂嵌实，白水泥强度等级为42.5MPa。

勾缝完毕后，及时用毛刷清理。为防止丢、漏缝，重新复找一次，尤其注意视线遮挡的地方，不易操作的地方、容易忽略的地方，如有丢、漏缝，及时补勾。补勾后对局部墙面重新清扫干净。天气干燥时，对已勾好的缝浇水养护（图5.27）。

图5.27 勾缝

第十五步：洒水养护

待勾缝终凝后，对面层铺装进行洒水养护工作，一般控制在早晚各一次，加强粘结层的牢固性（图5.28）。

图5.28 洒水养护

第十六步：成品保护

面砖切片粘贴好后进行浇水养护。粘贴好的墙面不允许随意开孔、打洞或开槽等破坏性施工，防止因开槽、打洞等使墙面出现空鼓的现象。面砖切片粘贴好后应及时进行清理，防止因污染而影响墙面美观（图5.29和图5.30）。

4）采用本技术的社会经济效益

以本工程采用的老青砖切片工艺运用到古城修复施工之中，老青砖粘贴质量与其外观质量均满足施工及设计要求，一来保持了建筑的原有风貌，二来减少了外墙仿古砖的投入。经过对本工法经济效益的分析，本工法使建筑旧料得到了再利用，减少了建筑垃圾的产生，节约了材料，估算节约4.5万元。

图5.29 成品保护一

图5.30 成品保护二

本工法中改造古建筑墙面9000m²。使用仿古砖切片的材料成本是30元/m²。使用老青砖切片，因为是废弃建筑垃圾再利用，材料来源几乎没有成本，所以只有加工成本，因而材料综合成本是25元/m²。仿古砖切片和老青砖切片的人工镶贴成本和机械使用成本几乎一致，所以产生良好的经济效益主要是材料节约的成本，即（30-25）×9000=45000元。

因为老青砖切片使得建筑垃圾再利用，有效地减少了资源浪费，保护了环境，所以有着良好的社会效益。

5）技术先进性

创新性地采用废旧老青砖切片镶贴代替仿古砖砌筑工艺，降低了环境污染，并达到历史文化街区修旧如旧效果；优化了施工方法，有效防范了空鼓、色差等常见质量问题，保证了施工质量。

在原墙面基层处理时涂刷墙固剂确保抹灰与原墙面有良好的粘结性；面层抹灰完之后涂刷抗碱封闭漆，有效地解决了水泥泛碱对老青砖切片面层的污染；在老青砖切片粘贴之前，会对切片进行二次加工，确保切片上墙之后美观、整齐。

2. 关键技术成果二：历史建筑外墙水刷石墙面施工技术

1）关键技术成果产生的背景、原因

历史建筑作为城市一种不可再生的文化遗产，已经越来越引起社会的关注，各种施工技术在促进这些文化遗产的保护和修复中起着重要作用。水刷石由于具有天然石材质感，而且色泽庄重美观，饰面坚固耐久，不褪色，也比较耐污染，所以近代历史建筑外墙面或柱子上花纹雕饰和线条较多采用该施工工艺。但因种种原因往往造成墙面空鼓、裂缝、流坠、掉粒、黑边及墙面颜色不一致、不清晰等质量通病。

本工程通过工程实际形成的水刷石外墙饰面非常平整，而且让人感觉很美观舒适，能够缓解视疲劳。根据设计要求，所选的水刷石质地坚硬，并且各种性质都非常优秀，设计使用的寿命也会长达几十年。

2）本技术对应的项目难点、特点

水刷石是以水泥为胶凝材料，石渣为骨料，涂抹于墙体基层表面，然后用水冲洗露出石渣的颜色、质感的饰面做法。

所以怎样使其外观具有朴实的质感效果，使饰面获得自然美观、明快庄重、秀丽淡雅的艺术效果，是本技术的难点和特点。

3）主要施工措施或施工方法

水刷石是指将适当配合比的水泥石子浆抹灰面层，用硬毛刷蘸水刷洗表层水泥，使石子外露而让墙面具有天然美观感的一种抹灰工艺。它的具体做法是：先在抹灰基层上抹一层水泥砂浆作底层，按需要钉上分格木条，随即用水泥石子浆抹平压实，待达到一定强度后，用硬毛刷由上到下，蘸水刷去面层水泥浆，使石子颗粒外表露出，最后用喷雾器由上往下喷洒清水，冲洗干净表面即可。

主要施工工艺流程如图5.31所示。

第一步：材料选择及进场验收

水泥采用强度等级为32.5级及以上的普通硅酸盐水泥或矿渣水泥，颜色一致，不同品种、不同厂家、不同批号的水泥严禁混用。

砂子采用颗粒坚硬、粗糙洁净的级配良好的中粗砂，含泥量不大于3%，使用前过5mm孔径的筛子。

小巴厘石子要求颗粒坚实，不得含有黏土及其他有机物等有害物质。石渣规格符合规范要求，级配符合设计要求，小巴厘石子直径为3～5mm。使用前用水洗

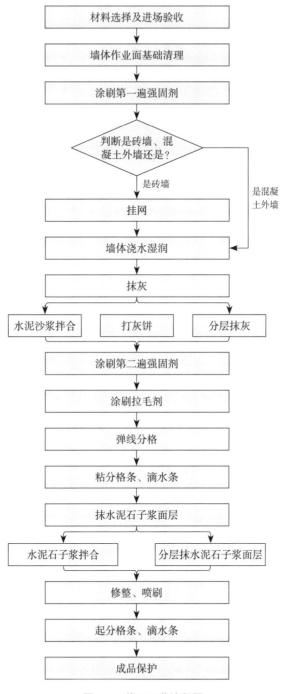

图 5.31　施工工艺流程图

净，过筛子。按规格、颜色不同分堆晾干、堆放，苦布盖好待用。要求同品种石渣颜色一致，宜一次到货（图 5.32）。

图5.32 材料选择

分格条应采用优质木材，粘贴前应在水中浸透。

第二步：墙体作业面基础清理

水刷石装饰抹灰的基础处理方法与一般抹灰基础处理方法相同，但因水刷石装饰抹灰层总的平均厚度可能较一般抹灰要厚，且比较沉，若基础处理不好，抹灰层极易产生空鼓或坠裂，因此要认真将基础表面酥松部分去掉再洒水润墙。若凸凹太多，要先凿平，并用1:3水泥砂浆分层抹平。

外墙预留孔洞及预埋管等要及时处理完毕。外墙空腔防水做完，并经淋水试验检验无渗漏为合格。门窗框安装固定好后，用1:3水泥砂浆将缝隙堵塞严实。

如果有墙体需高处作业，按施工要求首先准备好双排外架子或吊篮、桥式架子等。架子的立杆离开墙面20cm以保证操作。墙上不留脚手眼，防止二次修补，造成墙面有花感。

第三步：涂刷第一遍强固剂

在基础清理完成后，用辊筒刷等工具在墙面上涂刷强固剂，涂刷1遍即可。涂刷强固剂在墙面施工的大气温度必须是5℃以上，未用完的强固剂一定要进行密封，强固剂严禁与其他品牌的胶粘剂混合使用。

第四步：挂网

涂刷完强固剂后，如果基层为砖墙，在强固剂初凝前悬挂钢丝网；如果基层为混凝土外墙可不悬挂钢丝网。钢丝网规格为12mm×12mm，挂网应做到平整、牢固（图5.33）。

第五步：墙体浇水湿润

一般在抹灰的前一天，用水管或喷壶顺墙自上而下浇水湿润，不同的墙体、不同的环境需要不同的浇水量。浇水分次进行，以墙体既湿润又不泌水为宜（图5.34）。

图5.33 挂网 图5.34 墙体浇水湿润

第六步：抹灰

（1）水泥砂浆拌合

拌合方式分为机械搅拌和人工搅拌。

机械搅拌：向转动的搅拌机中加入适量的水，然后将砂子倒入搅拌机内，先搅拌1min，再加入强度等级为42.5MPa的抗碱水泥及其余的水继续搅拌均匀，并达到配合比要求的稠度（水泥和砂的比例是1:3），搅拌总时间不得少于3min。人工搅拌：零星砂浆可以人工搅拌，先将水泥和砂按1:3的比例要求倒在硬地坪（铁板）上，干拌均匀，然后再加水搅拌成砂浆（图5.35）。

图5.35 水泥砂浆拌合

（2）打灰饼

打灰饼的主要目的就是控制抹灰的厚度一致，且保证水平及垂直度的施工质量，本工法中是边长2m正方形做一个灰饼。

操作时应先抹上灰饼，再抹下灰饼，抹灰饼时应根据抹灰要求，确定灰饼的正确位置，再用靠尺找好垂直与平整，灰饼宜用1:3水泥砂浆抹成边长50mm正方形形状。灰饼间隔误差为水平方向5mm，垂直方向3mm（图5.36）。

图5.36 打灰饼

（3）分层抹灰

如果抹灰厚度在2cm以内，抹一遍灰即可，如果超过2cm，必须分层抹灰，即在上一层水泥砂浆初凝后进行下一层水泥砂浆的涂抹。抹灰层与基层之间和各抹灰层之间必须粘结牢固，抹灰层无脱层、空鼓，面层无爆灰和裂缝。普通抹灰表面应光滑、洁净，接槎平整，分格缝应清晰。抹灰层总厚度应符合设计要求。抹灰完成后一般在24h后进行养护，应保证连续潮湿养护不少于7昼夜。

第七步：涂刷第二遍强固剂

抹灰工序完成后进行第二遍强固剂涂抹工作，流程及注意事项和涂刷第一遍强固剂一致。

第八步：涂刷拉毛剂

待强固剂终凝后，涂刷拉毛剂。墙柱体涂装拉毛剂顺序要先上后下，从檐槽、柱顶、横梁和椽子到墙壁、门窗和底板。其中每一部分也须自上而下依次涂刷。在涂刷每一部位时，中途不能停顿，如果不得不停下来，也要选择房子结构上原有的连接部位，如墙面与窗框衔接处，这样就能避免难看的接缝。拉毛剂涂刷一遍即可，涂刷时两道拉毛剂不用重叠，自然等待拉毛剂终凝。

拉毛是用拉毛辊筒滚涂施工的一种施工工艺，漆膜具有一定的立体感。因为辊筒是带有孔隙的，施工过程中会混入一些空气，导致部分小气泡产生，产品粘度过低时，气泡更容易产生，因此施工时禁止加水。

第九步：弹线分格

水刷石的分格是避免施工接槎的一种措施，同时便于面层分块分段进行操作。弹线分格前再清理一下作业面，根据设计尺寸要求进行弹线分格。弹线时先确定水平、垂直方向基准线，然后再依此基准线类推，确保每道线都横平竖直。大面积的墙面尽量分隔为小面积施工，弹线应清晰可见（图5.37）。

图5.37　弹线分格

第十步：粘分格条、滴水条

分格条应刨成双面斜口，小面粘于墙面。分格条厚度应为8～10mm，宽度应为8～10mm（视现场实际情况而定）。粘贴用水泥素浆，水泥浆不宜超过分格条小面范围，超出的要刮掉。

分格条上皮要做到平整，线条应横平竖直，交圈对口，并按规范规定的部位设置滴水槽（檐口下端和外墙门窗洞口上楣、阳台、雨篷、室外挑板等底面），上宽7mm，下宽10mm，深10mm，距外皮不少于30mm。

第十一步：抹水泥石子浆面层

（1）水泥石子浆拌合

拌合方式是人工拌合，水泥和小巴厘石子的拌合比例为1:1。小巴厘石子中白色与灰色石子比例为8:2或9:1（图5.38）。

石子施工前进行过筛，剔除粒径较小的石子。

先将水泥和小巴厘石子按重量比的要求倒在干净硬地坪（铁板）上，干拌均匀,然后再加水搅拌成砂浆。

（2）分层抹水泥石子浆面层

抹平面墙面时,自下而上分两遍与分格条抹平,并及时用杠尺检查其平整度（抹石渣层要高于分格条1mm）,然后将石渣层压平、压实,压平压实时要先轻后重,并把石子尖棱拍入浆内,拍后即用直尺检查平整度,如有凹面及时增添石子浆,重新拍实抹平,待水分稍干,表面无水光感觉,再用钢皮铁板溜抹一遍,使小孔洞压实挤密。同一平面的面层要求一次完成,不宜留施工缝,必须留施工缝时,应留在分隔条上。抹完一块后用直尺检查其平整度,不平处应及时增补抹好（图5.39）。

图5.38　水泥石子浆拌合

图5.39　分层抹水泥石子浆面层

门窗暄脸、窗台、阳台、雨罩等部位做水刷石时先做小面,后做大面,以保证大面的清洁美观。

第十二步：修整、喷刷

将已抹好的石渣面层拍平压实后,将其水泥浆挤出,用水刷蘸水将水泥浆刷去,重新压实溜光,反复进行3~4遍,待面层开始初凝,指捺无痕,用水刷子刷不掉石粒为度。一人用刷子蘸水刷去水泥浆,一人紧跟着用手压泵的喷头由上往下喷水冲洗,喷头一般距墙面10~20cm,把表面水泥浆冲洗干净露出石渣后,最后用小水壶浇水将石渣表面冲净干净。待墙面水分控干后,起出分格条。刷石阳角部位时,喷头从外往里喷洗,最后用小水壶浇水冲净。大面积墙面刷石一天完不成,继续施工冲刷新活前,将前一天做的刷石用水淋透,以备喷刷时沾上水泥浆后便于清洗、防止污染墙面。喷刷完成的墙面用塑料薄膜覆盖好,以防污染。特别是风天更要细心保护和覆盖（图5.40）。

第十三步：起分格条、滴水条

喷刷面层露出石子后，就要起分格条和滴水条。起分格条时，用小鸭嘴抹子扎入木条，上下活动，轻轻起动，用小溜子找平，用刷子刷光理直缝角，并用素灰将格缝修补平至颜色一致。

第十四步：成品保护

水刷石抹完后第二天起要经常洒水养护，养护时间不少于7d。在夏季酷热天施工时，应考虑搭设临时遮阳棚，防止阳光直射，导致水泥早起脱水影响强度，削弱粘接力。

除此之外，建筑物进出口的水刷石抹好交活后，及时钉木条保护口角，防止砸坏棱角。拆架子及进行室内外清理时，不要损坏和污染门窗玻璃及水刷石墙面。油漆工刷油时注意勿将油罐碰翻污染墙面，对已做好的刷石窗台及凸线等，应加以保护，严禁蹬踩损坏（图5.41）。

图5.40　修整、喷刷　　　　　　图5.41　成品保护

4）采用本技术的社会经济效益

水刷石是一项传统的施工工艺，它能使墙面具有天然质感，色泽庄重美观，饰面坚固耐久，不褪色，也比较耐污染，而且具有一定的年代历史感。相比于贴仿古砖不仅能更真实地体现年代历史感，而且具有良好的社会经济效益。

本工程中使用水刷石古建筑墙面1000m²。使用仿古砖切片的材料成本是30元/m²；

使用人工数量为7个工/d，完成共用20d，共140d，一个工人一天150元，人工费共21000元。而使用水刷石的材料成本是20元/m²，使用人工数量为6个工/d，完成共用20d，共120d，一个工人一天150元，人工费共18000元，所以人工费节省3000元。

综上所述，相比于传统做法仿古砖切片装饰墙面，水刷石不仅更能凸显年代历史感，有着良好的社会效益，而且可节省成本（30-20）×1000+（7×20-6×20）×150=13000元。

5）技术先进性

采用本技术的水刷石能起到保温隔热的作用，这个作用在墙面上表现得更为明显，并且质地坚硬，不易被腐蚀，防水防潮以及防风化的能力都很强。除此之外，其外表面平整美观，让人视觉上更加舒适。

第三部分　总结

城市是人类迈向文明的标志。如今城市的发展不再被认为是"拆旧建新"，建造千城一面的摩天大楼，而是延续历史文脉，营造有温度、有情感的社会环境。城市是人类赖以生存与发展的环境空间，因此保护好作为城市的重要组成部分的历史文化街区，也应该是城市发展的首要任务。

一、技术示范效应

本工程在施工过程中总结出老青砖切片仿古饰面施工技术、历史建筑外墙水刷石墙面施工技术等关键技术。尤其是以老青砖切片仿古饰面施工技术为关键技术的工法，在2023年10月份被河北省土木建筑学会评为河北省省级工程建设工法。

二、项目节能减排等的综合效果

本工程在施工过程中根据相关规范采用大量节能减排的技术，如本工程总结的老青砖切片仿古饰面施工技术、采用老青砖切片工艺代替仿古砖粘贴施工技术，老青砖切片工艺使旧建筑拆除中产生的老青砖得到了再利用，减少了建筑垃圾，节约了资源，对环境起到了保护作用，产生了很好的综合效益，得到了甲方和监理单位的一致好评。

三、社会环境效益

西大街改造完成后产生了良好的社会环境效益，为实现历史文化名城保护与文旅产业有机结合，西大街围绕保定深厚的文化内涵，重点引入非遗活化博物馆、老字号体验、特色美食等，将非遗活化的文化属性与民间"烟火"气息相融合。随着西大街改造完成，四面八方的游客被吸引到这条有思念、有味道、有故事的老街。

四、经济效益

本次西大街的改造，杜绝了旅游步行街的简单复刻，而是通过深入研究保定老字号、非遗文化背景，厘清发展脉络，将文化传承和创新发展充分串联起来，利用数字化应用技术，实现线上展示、线下体验，线上线下同步开街，为古城带来全新的文化感受和科技体验，通过街区改造真正将保定特色文化传承发扬。

目前，入驻西大街的企业共计39家，老字号企业28家，非遗11家。截止到4月份，相比于改造前，西大街产生的经济效益已增长40%左右，产生了良好的经济效益。

专家点评

作为保定乃至全国保存较好的具有清末民初特点的独特建筑画廊，保定西大街是以商业建筑为主，兼有衙署、学府、祠堂、金融、民居建筑的一条历史文化街区，素有"北方名街""直隶第一街"之称。该街建筑风貌独特，一般是坡顶、灰墙、半圆拱顶门窗、立面有装饰线和花饰，以砖雕成，做工精细，耐人观赏。

30年前，作为保定被评为全国历史文化名城的主要理由之一，西大街"中西合璧画廊"的建筑风格曾备受推崇。但是30年来，建筑风格如此独特的西大街，在发展中遇到了无数尴尬，其"跑偏"的业态更是让市民和政府难以满意。而今，这种尴尬的现状终要被打破了。西大街改造完成后产生了良好的社会环境效益，实现了历史文化名城保护与文旅产业的有机结合。

为高质量做好历史文化遗产保护，在西大街规划设计之初便在全国范围内考察借鉴了同类项目正反两方面的经验。在安全性拆除违章建筑前提下，以传统工艺，保护修缮5处文物、9处历史建筑本体，按传统工艺维修建筑，"修旧如旧"。

此次西大街改造，采用大量节能减排的技术，如老青砖切片仿古饰面施工技术、采用老青砖切片工艺代替仿古砖粘贴施工技术，老青砖切片工艺使旧建筑拆除中产生的老青砖得到了再利用，减少了建筑垃圾，节约了资源，对环境起到了保护作用，产生了很好的综合效益。

在此基础上，通过深入研究保定老字号、非遗文化背景，厘清发展脉络，将文化传承和创新发展充分串联起来，利用数字化应用技术，实现线上展示、线下体验，线上线下同步开街，为古城带来全新的文化感受和科技体验，通过街区改造真正将保定特色文化传承发扬。

保定市西大街总体立意为构建保定文化商业旅游金名片，打造城市旅游目的地和主客共享的城市会客厅。坚持建筑为体、文化为魂、非遗为魄、商贸为引的理念。西大街西段为历史文化体验区，中段为活态文化体验区，东段为休闲商业配套服务区。通过分段塑造、差异话题、合理引导文旅业态布局，打造出一条集文化体验、休闲旅游、城市生活、主客共享为宗旨的"直隶第一街"。

保定市西大街改造后的效果如图5.42～图5.45所示。

图5.42　保定市西大街改造后的效果一

图5.43 保定市西大街改造后的效果二

图5.44 保定市西大街改造后的效果三

图5.45 保定市西大街改造后的效果四

6

长三角路演中心项目

第一部分　项目综述

一、项目背景

项目名称：长三角路演中心

项目地点：上海市金山区枫泾镇亭枫公路8342号

建设单位：上海建工金山建设发展有限公司

设计单位：上海建工集团股份有限公司

施工单位：上海建工二建集团有限公司

长三角路演中心项目位于上海市金山区枫泾镇亭枫公路8342号，曾是宋代的驿站、明代的砖窑、上海第七印绸厂老工业基地。该项目是基于旧建筑的改造项目，这些旧建筑原是上海第七印绸厂的厂房所在地。改造厂区内原有大小房屋13幢、水塔1座、烟囱1座、碉堡1座（图6.1），用途为生产厂房、办公用房以及其他

图6.1　改造前的旧址实景

食宿用房等。项目占地面积123亩，建筑面积为1.5万 m^2，由主园区和生态景观停车场组成。主园区由12幢老厂房改造而成，形成4大功能区：路演中心区、双创服务区、资讯展示区、商务配套区（图6.2）。项目立足于上海建设科技创新中心、长三角一体化发展，定位于集聚长三角地区资源要素的功能平台，以路演为链环，融合资本、技术、人才、交易、服务、信息等创新创业的要素链，打造长三角地区跨地区、跨市场、跨要素的创业者向往、投资便利、商品展示充分的功能性平台。

图6.2　改造后的长三角路演中心实景

二、项目难点

1.设计理念

长三角路演中心项目改造的规划设计秉持"传承、记忆、更新"的理念，将绿色贯穿设计全过程。

"传承"是对现状保存较好的部分进行简单的修缮和加固，将其保留下来，与装饰融为一体。对老厂房的局部梁进行粘钢加固，将其直接暴露在室内融为装饰的一部分，并引入现代风格的水晶吊灯元素与其形成鲜明反差，既展现了结构自身的美又传承了老厂房的原始工业风（图6.3）。提取厂区原建筑立面花格装饰元素，以红砖作为立面主要装饰材料，运用各种错位砌筑手法打造丰富多样的立面，在室内外形成富有韵律的光影效果。

"记忆"是对原始现状中保存不太理想的部分，通过装饰和景观设计，唤起人们对这段历史的记忆。保留了原始的水塔、碉堡和烟囱（图6.4）。将景观灯具巧妙

图6.3　改造后的厂房内景

图6.4　枫溪会场

隐藏于烟囱加固型钢中，顶部加设环形LED屏，起到很好的装饰及宣传效果。主会场中庭植入砖窑小景，呼应枫围公社砖瓦厂的历史。老厂房高侧窗红绸遮阳，突出了装饰效果，更是唤起了人们对过往第七印绸厂的记忆。

　　"更新"是对原始现状中一些功能无法满足实际使用需求的部分，通过局部的改造更新，让整座建筑重获新生。在主会场上延用原始三角屋架结构，打造宽24m×长36m无柱大空间，在上方引入长条采光天窗，分隔横向和纵向三角屋架，为室内带来天然光源的同时，营造出丰富的光影变化。采用现代钢结构高穹顶，巧妙连接原有两座轴线错位的厂房，较大幅度拓展了使用空间，同时，南北两侧打破原有柱网格局，形成十字型高大空间，为今后举办各类路演展示活动提供更多可能（图6.5）。

图6.5　白牛礼堂

2.项目改造对比

项目改造修缮概况如图6.6所示。

1）外立面

（1）修旧如旧，恢复建筑本身的面貌，将历史的沧桑感重现。

（a）改造前第七印绸厂

（b）改造后长三角路演中心

（c）改造前的水塔

（d）改造后的水塔

（e）改造前的碉堡　　　　　　　　　（f）改造后的碉堡

（g）改造前的烟囱　　　　　　　　　（h）改造后的烟囱

图6.6　改造前后对比图

（2）加建部分可以与原建筑性格一致，也可以形成鲜明对比，通过加建的方式，将新旧建筑融合。

（3）通过彩绘、包装等手段，将建筑翻新，体现更好的艺术性。

2）户外景观改造

几何造型的地板图案，与绿植景观相辅相成。流动的水，与绿植组成绚烂景观，点缀在园区内，为整个园区增添活力。

3）地标建筑处理

烟囱形体高耸，内部空间小，内部空间利用率低。

（1）可以改造成为灯塔，作为这个区域的地标。

（2）烟囱本身可以用艺术手段装饰，作为景观的一部分融入场地。

水塔体型比烟囱粗壮，内部空间更大，因此可容纳的实际功能更多。

（1）水塔中设置等高装置与观景装置，可以登临不同高度俯瞰整个场地。

（2）水塔内部设置陈列装置，可以展览一定的展品，设置一项游览路线。

（3）水塔可以装饰装扮成艺术品，作为一个区域的标志与景观。

碉堡是抗战遗迹，不能破坏，比较适合在原有基础上进行艺术处理，成为独特的风景线。

第二部分　工程创新实践

一、管理篇

1. 组织机构

为确保长三角路演中心既有建筑群有机更新项目的高质量建设，上海建工集团与金山区、枫泾镇于2016年正式签订战略合作框架协议，三方以枫泾古镇保护与开发为切入点开展合作，以"政府主导、市场运作、优势互补、合作共赢"为原则，践行政企合作PPP模式，成立了上海建工金山建设发展有限公司，将多方优势和特点进行有机整合，加快推进资源共享，不断拓展合作领域，从而实现共同发展。上海建工集团采用投资、设计、施工、运营全产业链一体化模式，集合上海建工旗下二建集团、房地产公司、装饰集团、园林集团、咨询监理公司、投资公司、工程研究总院、新晃空调公司等参建单位，通过优势资源共享和全产业链联动，最终保证项目高效协作建造，实现了绿色交付。

2. 重大管理措施

长三角路演中心改造工程注重资源整合利用，选择在已闲置多年的上海第七印绸厂进行绿色化改造，恢复老旧建筑的生机，实现建筑全生命周期可持续发展。工程建设中构建建筑工程绿色化改造产业链，将建筑工程绿色化改造过程中的咨询、设计、施工、运营、管理等产业联合起来，通过产业结构调整和创新性研究等手段，发挥各环节协同、整合效应，拓宽建筑工程绿色化改造道路，加快建筑工程绿色化改造步伐，为绿色化改造的可持续发展提供有效的支持。

从方案设计阶段开始到最后施工结束运行，各专业始终按照可持续场地、水资源利用效率、能源与大气、材料与资源、室内环境质量、施工管理、运行管理等方面落实绿色化改造要求。基于项目绿色化改造研究成果，建立建筑工程综合智能化控制与信息管理平台，实现绿色化改造后建筑运营阶段各类能源计量和统计、监控设施设备安全运行情况与远程监控、用能能耗分析对比，从而显著降低建筑运营成本。综合运用节能减排技术，同时兼顾建筑工程绿色化改造的集成交叉效应和不同适用性，以美国LEED-ND标准、LEED-NC标准和上海市既有建筑更新改造标准进行建设，并最终获得美国绿色建筑委员会（USGBC）的LEED-ND金级、LEED-NC铂金级、上海市既有建筑更新改造铂金级认证和英国RICS年度城市更新项目优秀奖。

3.技术创新激励机制

为了促进技术创新，在工程策划阶段，制定了绿色建筑目标和技术创新计划，申报并立项相关技术的研究开发科研项目课题，明确绿色低碳技术创新的方向和重点，并积极探索技术创新产学研合作模式，加强与高校和研究机构的合作交流，进行联合研究和技术攻关，推动技术创新和产业升级，在设计、施工和维护过程中，注重使用新型材料和先进绿色低碳技术，提升工程品质和效益，同时开展技术创新知识培训交流活动，提高员工的技术创新能力和水平，推动技术创新成果的共享和转化。

二、技术篇

1.室内天然采光环境创建及照度感应耦合技术

针对建筑照明能耗占比高、自然采光设计不合理、眩光干扰控制不精细等难题，基于模拟分析和试验验证，对建筑自然采光的影响因素进行研究分析，通过正交试验方法，确定最优组合方案，实现87.27%的采光改善效果。在此基础上，进一步确定各影响因素与采光系数的定量关系，为建筑采光优化提供了参考，为营造良好的室内照明环境提供了理论依据。基于室内采光优化设计方法，对建筑屋顶天窗、窗墙比、玻璃可见光透射率、窗台高度、进深等进行优化设计，营造舒适的室内天然采光环境，并对最终的结果进行分析，满足采光标准的要求。项目通过设置中庭、屋顶天窗、透光性良好的玻璃幕墙外立面改善采光效果（图6.7），经模拟计算室内100%区域满足天然采光照度需求。多功能厅、会议空间、走廊靠窗范围灯具均设置日光照度感应控制，通过被动式建筑采光技术耦合主动照度感应控制技术，最大限度地降低了建筑照明能耗。

图6.7　天然光环境优化

2.既有建筑高效综合节能改造技术

项目从围护结构、机电设备等方面落实高效节能低碳技术，采用高效空气源热泵机组、全热回收器、变频风机和水泵、低照明功率密度LED灯具、智能照明控制、高性能围护结构等技术措施，显著降低了建筑全年运营能耗。建筑能源系统采用节能调控技术，综合照明、制热、制冷、水泵、风机和设备各项能耗，建筑全年运行能耗与基准建筑能耗相比，降低了30%，节能效果显著。

3.建筑场地海绵基底营造技术

创新利用场地已有人工湖设置雨水收集系统，不仅解决了既有建筑的雨水系统设置的场地问题，而且节约了蓄水池和清水池的机电设备投入。通过源头削减、中途转输、末端调蓄等多种手段，采用透水铺装、雨水花园（图6.8）、下凹式绿地促进雨水入渗（图6.9），补给地下水，减少雨水径流量。同时利用场地内人工湖作为雨水蓄水池，加强对雨水的渗、滞、净、用、排，综合实现了建筑的良性水循环，减缓了城市的排水系统压力。

4.既有建筑生态环境人工湖生态修复技术

通过矿物黏土、植物和砾石的层层过滤对雨水径流面源污染进行拦截净化，延长了径流停留时间，避免污染物直接冲刷入人工湖，同时在水底种植沉水植物、浮叶植物和挺水植物作为水生生态系统的基底，利用植物直接吸收底泥中的氮、磷等营养物质。除此以外，种植的水下森林也通过光合作用向人工湖释放氧气，促进水体耗氧生化自净的同时也为其他生物提供了生存和附着场所，提高了生物多样性。经过一段时间的运营，人工湖自净效果已经呈现，生物多样性显著增加，水生植物

图6.8　雨水花园

图6.9　下凹式绿地

达20余种，水体透明度超过1m，与最初的水质环境形成了鲜明的对比（图6.10）。

5.可再生能源替代技术

根据光伏电站场址和日照情况，建立本工程太阳能光伏发电站发电量的计算模型，并确定每个建筑屋顶光伏系统的发电量。太阳能光伏系统（图6.11）的总装机容量为91.44kW，全年平均发电量为91721.49kWh，占建筑全年运营能耗的19.5%，极大降低了建筑对传统能源的消耗。

6.既有建筑绿色改造施工技术

装饰装修环境污染控制：项目采用室内低污染建材，竣工后经检测，室内空

图6.10　生态修复前后对比

图6.11　光伏布置效果图

气中苯、甲苯、甲醛、二甲苯、TVOC浓度满足标准规定。

施工降尘降噪：项目在施工过程中，采用洒水、覆盖和遮挡等降尘措施，同时对出入车辆进行清洗，场地噪声和扬尘经过检测均满足要求。

施工废弃物处置：项目制定施工废弃物管理计划，现场分类收集。施工中的废弃混凝土和钢筋进行再利用，施工过程中发现项目地下有废弃红色砖窑，项目在既有改造过程中，利用废弃红砖组成项目外立面，对场地废弃物进行了最大利用。建筑翻新重新利用建筑的外墙、内墙等部分建筑要素，再利用建筑的比例为62.96%，显著降低了建筑的整个生命周期对环境的影响。

7.绿色建筑性能仿真模拟技术

通过数字化方法建立了详细的建筑光环境仿真模型（图6.12、图6.13），对建

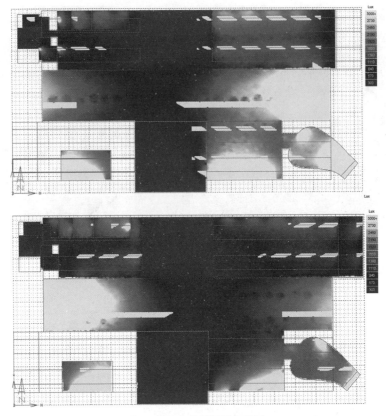

图6.12　采光优化设计和效果

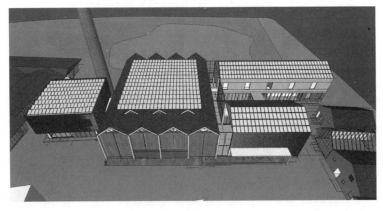

图6.13　厂房改造模型方案

筑的光环境设计进行优化。通过设置屋顶天窗，利用透光性良好的玻璃幕墙外立面改善采光效果，经模拟计算，室内主要功能空间满足天然采光照度需求。多功能厅、休闲区、前厅等主要侧光区灯具均设置日光照度感应控制，通过被动式建筑采光技术耦合主动照度感应控制技术最大限度地降低了建筑照明能耗。

8.智能化控制与信息管理平台

项目按照可持续场地、水资源利用效率、能源与大气、材料与资源、室内环境质量、施工管理、运行管理等方面落实绿色可持续的要求，建立了智能化控制与信息管理平台，实现了建筑运营阶段各类能源计量、监控设施设备安全运行情况、能耗分析对比，降低了建筑运营成本。图6.14为空调自控系统实际画面，多联机或风机盘管末端能够区分房间的朝向，细分供暖、空调区域，对系统进行分区控制。通过上述技术有效地减少了空调全年运行能耗，在营造室内热舒适性的同时，降低了运营成本。

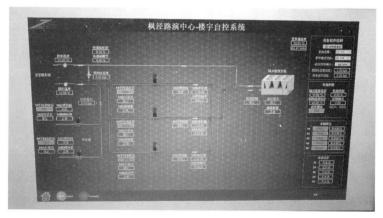

图6.14　空调自控系统

项目所有会议室和多功能厅均安装二氧化碳和PM2.5监控装置（图6.15），可以根据室内二氧化碳浓度进行新风调节联动，在全空气系统和新风系统中安装高效PM2.5驻电极过滤器，提高室内空气品质。

图6.15　项目室内空气品质监控

第三部分　总结

　　项目通过系统的绿色化改造，增加了建筑周围区域商业活动，提高了招商引资水平，促进了周边房地产等产业的增值及长三角一体化发展的步伐；通过景观水，增加了路演中心园区的亮点，提升了园区的景观品质，湖中心水上舞台的表演既有观赏性，又带来了经济效益，丰富了居民的娱乐生活；通过人工湖生态修复，减少了劣质水质中病菌的传播可能性，提升了居民健康水平。

　　项目运营过程中，降低建筑对传统能源消耗达20%，非传统水源利用率达60%，降低80%的照明能耗，室内污染物浓度降低50%，废弃建筑和建材利用率达70%，通过生态修复技术改善人工湖水质，氮磷浓度降低80%。全年雨水收集量为2万 m³、平均发电量为9万度，每年节约水电费约20万元。

　　长三角路演中心项目响应国家长三角生态绿色一体化发展要求，率先把示范区打造成为改革开放新高地、生态价值新高地、创新经济新高地、人居品质新高地，最终营造绿色健康的室内外舒适环境、降低建筑运营能耗、重塑历史人文记忆、修复污染的湖水、打造弹性的海绵社区环境，具有较高的经济效益和社会效益。

　　随着国家对生态文明建设要求不断加强，绿色化发展已成为建筑业转型升级的必然趋势，大批量的既有建筑面临绿色化改造需求。本项目形成的绿色改造成套技术，在改善室内环境质量、改造室外生态环境、减少既有建筑能源消耗、提高非传统水源利用率等既有建筑关键绿色性能提升方面，发挥了重要作用，具有良好的推广应用价值。长三角路演中心在举办长三角一体化高峰论坛和项目路演的同时，也展示了绿色建筑技术的应用成效，大批国内外行业专家学者前来参观学习并广泛进行技术交流，对绿色技术的推广应用起到了支撑和推动作用。

专家点评

　　作为长三角生态绿色一体化发展的重要组成部分，长三角路演中心项目以绿色生态为设计理念，创新营造出一座具有现代感和人文关怀的绿色建筑，充分展现了人类与自然和谐共生的理念。

　　项目积极响应国家的生态绿色一体化发展战略，是落实可持续发展理念的标杆工程之一。在建设过程中，注重规划、设计、建设、运营等各个环节的全产业链精细管理，确保了工程的高质量和高效率。项目管理团队注重聚焦目标，强调整体协调与沟通，全面实施管理和执行流程，有效提高了项目的综合效益。

项目在改造过程中注重环境保护和生态建设，采用了海绵基底技术、雨水收集系统等多种技术措施，减少了建筑运营对环境的影响。此外，项目在人工湖生态修复方面通过多种生态修复技术和植物种植，实现了人工湖水质的净化和生态系统的恢复，提高了生态环境质量。

项目注重以人为本，充分考虑了用户体验和服务质量，在建筑设计和装修方面，采用低污染材料和智能化控制技术，提供了健康舒适的室内环境，通过设施设备智能化管理和信息化平台，为用户提供了更加便捷、高效的服务。此外，项目也通过丰富的文化活动和景观建设，提升了用户的文化体验。

长三角路演中心项目取得了良好的社会、经济和环保效益，符合国家可持续性发展战略，可为量大面广的既有建筑绿色改造工程提供良好的借鉴。

7

青岛市高新区规划西1号线道路
及综合配套工程PPP项目

第一部分 项目综述

一、项目背景

1.项目概述

（1）青岛市高新区规划西1号线道路及综合配套工程为国家地下综合管廊试点示范项目，工程南起经二路，北至火炬路，道路规划为南北向城市主干路，全长约923m。工程主要建设内容包括道路工程、综合管廊工程、管线工程、景观绿化工程、路灯工程及其他附属工程等，工程建设交付后现状如图7.1所示。

图7.1 工程建设交付后现状图

（2）项目于2018年1月11日开工，2020年5月29日通过竣工验收。

（3）工程相关参建方：

建设单位：青岛高新顺通投资运营有限公司

监理单位：青岛华鹏工程咨询集团有限公司

施工单位：青岛第一市政工程有限公司

设计单位：青岛市市政工程设计研究院有限责任公司

2. 项目历史

为贯彻《国务院办公厅关于推进城市地下综合管廊建设的指导意见》（国办发〔2015〕61号）文件的执行，2015年8月28日，山东省人民政府办公厅发布《关于贯彻落实国办发〔2015〕61号文件推进城市地下综合管廊建设的实施意见（征求意见稿）》，提出了省内建设综合管廊的目标。与此同时，结合《国务院办公厅关于推进海绵城市建设的指导意见》（国办发〔2015〕75号）要求，到2020年，城市建成区20%以上的面积达到目标要求；到2030年，城市建成区80%以上的面积达到目标要求。

为了完善青岛市高新区基础设施配套，加快落实高新区西片区的整体规划，青岛高新区管理委员会提出实施高新区规划西1号线道路及配套工程。同时，积极贯彻国务院关于加强地下基础设施建设、推进城市地下综合管廊的建设精神，本着"高起点规划、高标准建设"的原则，工程将电力、通信、给水、热力、再生水及雨污水各类管线均纳入综合管廊，并结合海绵城市建设，将管廊雨水舱兼作调蓄池，有机地将综合管廊和海绵城市建设结合起来，起到标杆建设示范作用。

二、项目难点

1. 设计理念

项目以国家地下综合管廊试点示范项目为依托，以完善区域路网建设为基础，以践行安全、节约、生态、低影响开发建设的理念为指导，以提升城市开发建设品质为目标，以科技创新应用为保障，坚持规划引领，积极探索绿色化、智能化、工业化的管廊建设，有效优化区域资源要素配置，极大提升了工程的建设效率、建设品质及城市区域的整体竞争力。

2. 项目建设成效

（1）依托国家试点，打造具有全国影响力的"青岛模式"综合管廊示范区。

规划设计方案对每种专业管线进行入廊的可能性分析，探索污水、雨水重力流管道及燃气管线入廊的可行性，最终确定将电力、通信、给水、热力、雨水、污水、燃气、再生水共8种管线全部纳入综合管廊，实现了全专业管线入廊的典范，如图7.2所示。

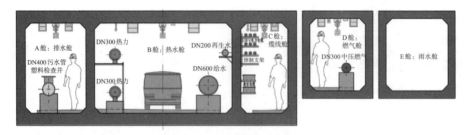

图7.2 综合管廊规划设计断面图

（2）应用BIM技术助力管廊建设运营全生命周期，加强方案、设计、施工、运维等各阶段成果及过程管理的智慧化及有效性。

工程建设中建立了各阶段BIM技术应用的服务体系，做到方案阶段直观明了；设计阶段对管线进行碰撞检查、关键节点数据管控；施工阶段指导管线安装过程模拟，解决工厂内预制拼装构件批量生产；运维阶段合理管控，提升工程建设各阶段的建设成效。通过Revit、鸿业管廊、Navisworks等软件实现项目协同管理，实现对管廊设计方案、施工进度进行模拟仿真、碰撞检查、构件深化，同时实现了移动端模型数据的交流及VR展示，如图7.3所示。

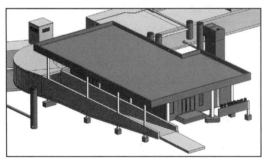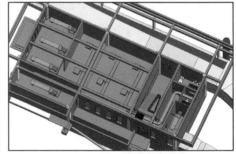

图7.3 综合管廊局部节点建筑信息模型

（3）创建综合管廊智慧运维管理平台，让"智慧化大脑"为城市生命线精准把脉。

基于面向服务的架构（SOA）理念，利用"云计算、物联网、大数据、GIS、BIM"等技术，对地下综合管廊设备运行、巡检维护、日常值守、应急指挥、数据分析、出入审批、管理考核和服务保障等业务实现智慧化统一管理，建立防患于未然的可视化智慧防控平台，达到设备设施标准化、巡检维护高效化、资源利用集约化的管理目的，有效保障"城市生命线"的安全，如图7.4所示。

（4）薄弱地质条件下，对软基处理进行多方案比选，结合工期、投资等多因素综合确定合理可行的方案。

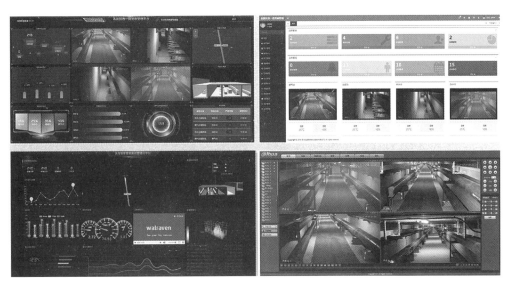

图7.4　综合管廊运维平台运行图

　　工程建设地段地貌形态属于滨海沼泽化浅滩，原为虾池、盐田，通过真空联合堆载预压、强夯置换、水泥搅拌桩以及粉喷桩等多种路基方式比选，最终确定了真空联合堆载预压与粉喷桩复合地基处理方案，实现了经济上合理、技术上可行，保障了工程建设的顺利实施，如图7.5所示。

图7.5　道路软基真空联合堆载预压处理

　　（5）针对滨海区域海水腐蚀性等特点，采用多种防水方式相结合，应对不同环境、施工、运营工况下防水问题。

　　作为滨海区域海，地下水位高，且具有腐蚀性。为保证设计使用年限内防水效果、保障管廊运营安全，深入研究主体防水、变形缝、施工缝等节点防水措施，采用多种方式相结合，取得了较好的防水效果，如图7.6所示。

图7.6　多措并举的工程防水措施

第二部分　工程创新实践

一、管理篇

1.组织机构

项目由高新区管委建设局作为实施机构,青岛高新顺通投资运营有限公司(SPV公司)作为项目的投资、建设及运营管理主体。项目选择"建设-经营-转让(BOT)"模式,其中建设期两年,经营期十年,经营期满后,项目无偿移交政府指定机构。

2.重大管理措施

工程采用PPP模式,有利于降低项目全寿命周期运营成本。社会资本方负责项目运作,将使其有更大动力通过降低成本提高自身收益水平,从整体上降低项目全寿命周期成本。项目在前期工作阶段,积极吸收潜在社会资本方的工作建议,在满足相关标准规范的基础上,保证项目能够更好地实现技术经济可行,同时在后期运营阶段,社会资本方也会尽可能地降低成本以提高效益,使得项目整体成本控制在相对较低的水平。

项目通过开展政府和社会资本合作(PPP),有利于创新公共设施建设投融资机制,拓宽社会资本投资渠道,缓解地方政府财政压力,增强经济增长内生动力;有利于吸引社会优秀企业参与投资,建立政府和社会资本之间的长期合作关系,分摊项目建设运营的风险；有利于理顺政府与市场的关系，促进主管部门的职能转变，充分发挥社会资本的经营管理优势，推动资本相互融合、优势互补。

3.技术创新激励机制

项目建立和完善技术创新的激励机制，营造尊重知识和人才的创新气氛。组织和鼓励技术人员参加学术交流活动，加强对有潜力的技术人员的培训力度，创造培养和学习提高的条件，改善知识结构，建立有利于优秀人才脱颖而出、充分施展才能的新氛围，加大对有突出技术创新贡献人员的激励力度。

二、技术篇

1.成果一：作为管廊试点项目，深入分析实现全管线入廊

1）成果背景

由于受雨污水管道埋深和检修以及燃气管道安全性等因素的限制，传统工程通常将其直埋敷设，不纳入综合管廊内。本工程作为综合管廊示范工程，深入分析每种专业管线进行入廊的可能性，探索污水、雨水重力流管道及燃气管线入廊的可能性，经过积极探索创新，最终将电力、通信、给水、热力、雨水、污水、燃气、再生水共 8 种管线全部纳入综合管廊。

2）项目难点及特点

本工程综合管廊为青岛市入廊管线种类最全、断面最大、智慧化最强的地下综合管廊，采用五舱结构断面，断面尺寸为 $B \times H$=9.6m × 3.8m+2.4m × 2.9m+2.6m × 2.9m，总宽度达到 14.6m。大管径管线入廊舱室设置检修车通道，检修车后带牵引栓，可挂平板拖车，检修车入廊，方便了大管径管线安装、更换，使运营维护实现全机械化。

3）成果效益

燃气管线纳入综合管廊，其安全性得到了极大的提高，显著降低了直埋敷设所造成的总损失，因此将燃气管线单独设舱室入廊。为实现燃气入廊集约建设、安全运营的目标，研发燃气舱预制装配与防泄漏关键技术，模拟了泄漏规律、静电导除、环境影响因子等关键项，推动了综合管廊建设的标准工业化。采用管节式预制装配技术，形成主体防爆、节间防泄漏、舱内人员轨迹定位等主被动防护一体的预制管廊安全体系，缩减施工周期约 15%。

4）技术先进性

为实现重力流雨、污水管道纳入综合管廊，本次依据重力流管线敷设特点，独

创"降板法""斜板法"等技术工艺解决高程协调与出线交织的难题，实现了山东省内污水入廊零突破，树立了污水入廊典型，预计延长管道使用寿命10年，节省管道更换投资25%。项目开发了综合管廊内污水管道进出线系统，有效解决了污水入廊进出线问题；研发了综合管廊污水检修系统，利用长间距、小体积、自动化检修设备，解决了廊内污水检查设施多、维护难的问题。通过廊内污水管顶部等间距安装检查箱，箱体的表面设置控制开关，污水管顶部安装固定换气管，并配套翻转井盖、照明、蓄电池等实现廊内污水管道的日常检修功能。以上成果衍生转化为"一种综合管廊内污水管道进出线系统""一种综合管廊不锈钢污水检查井"两项实用新型专利，并编制了《城市地下综合管廊工程设计规范》DB37/T 5109—2018、《城市地下综合管廊工程施工及验收规范》DB37/T 5110—2018两项山东省级规范。

2. 成果二：应用BIM技术服务管廊的规划建设运营全生命周期

1）成果背景

本工程涉及专业较多，为了保证工程方案表达的直观化、施工图设计的系统化及合理化、工程量统计的快速化及准确化，本工程创新性引入BIM技术，主要进行各专业模型构建及整合、模型导入计算、三维大样图绘制、工程量统计、施工模拟等工作内容，最终实现智慧管廊建设中设计、施工、运维全生命周期BIM技术应用。

2）成果措施与方法

结合《城市地下综合管廊工程设计规范》DB37/T 5109—2018和《中国市政设计行业BIM指南》等相关设计标准建立相应的模型标准库并构建深化模型。结构专业利用Revit和犀牛软件作为BIM应用的基础软件，模型通过插件导入到Midas中，验证内力计算，优化调整方案设计。基于BIM技术，实时、准确地提供所需的各种工程量信息，快速生成相关数据统计表。

3）成果效益

将BIM技术纳入总体构思环节，通过将建筑、结构、设备等设计成果三维化、数据化、参数化，对管廊功能空间及其设备管线实施分析、优化与参数化控制，优化空间、设备等管理。对设计成果进行模拟仿真，对管廊断面及孔口等设计内容进行建模、仿真分析，模拟设计效果，对不同设计方案或设计策略进行对比分析，优化设计方案。对综合管线进行碰撞检查，检查各系统空间布局是否合理，检查结构、机电专业内部及其之间的冲突等。基于虚拟漫游设计，可通过三维实时漫游软件发现存在的问题，可以直接回到原模型并定位有问题的构件以便于修改。

4）成果先进性

本项目将BIM技术用于对关键节点的可视化施工交底。运用BIM技术进行直观的、可视化的施工过程模拟，进行施工工艺的比较和选择。对于特殊部位或特殊构件的施工，可以采用BIM技术进行多种施工方案的模拟，通过动态的施工过程模拟，比较多种方案的可实现性，为施工方案的择优选择提供依据，如图7.7所示。

图7.7　BIM技术模拟施工方案

通过4D模型可制订合理的施工计划，制订每月、每周甚至每天的进度计划，确定综合管廊施工现场的资源和场地占用，在保证工期不延误的同时，可进行施工过程的预演，合理安排资源分配，避免施工机械、场地等冲突，还考察了施工方案的可实施性，提前发现并解决了施工时的安全隐患和矛盾冲突，保证了地下施工的质量安全。

利用BIM三维技术，改变了综合管廊建设的传统设计—施工模式，为项目减少了约25%的协调时间，缩短建设工期约10%。

项目BIM技术应用获得2020年全国金标杯BIM/CIM应用成熟度创新大赛优秀奖、2021年第三届市政杯BIM应用技能大赛三等奖、2017年山东省BIM技术应用成果设计组三等奖、2022年山东省第一届市政杯一等奖等奖项。

3.成果三：搭建管廊智慧管理平台，监控中心实时进行数据监测

1）成果背景

综合管廊施工交付后，后期运行维护至关重要。传统综合管廊运维模式通常采用人工巡查形式发现问题、解决问题，存在滞后性等问题。

2）成果措施与方法

本工程提出智慧管廊理念，管廊内管线、监控、消防设施一次安装到位，配建监控中心对管廊主体及附属设施进行统一监管，运用先进的传感和传输技术，全面感知管廊关键信息，实行超前控制，如图7.8所示。

图7.8　综合管廊智慧管理平台数据监测

3）成果效益

建立统一智能监管平台，实现智慧化管理，提高运维效率。通过大数据分析，为运维决策提供有效辅助，提升管理水平。监管平台的GIS地图上可显示管廊名称，可查看管廊BIM模型，在BIM模型上可直观查看各类设备设施的位置和数量，直观展示各类监测数据，建立基于空间可视化的工程精细化、透明化、实境化新型运维管理模式。

4）成果先进性

确保综合管廊实时监控、实时数据预览，达到"图上看、网上管、地下查"，从而实现地下管廊的资源动态监管，如图7.9所示。

4.成果四：加强管廊地基处理，降低工后不均匀沉降

1）成果背景

项目综合管廊地貌形态属于滨海沼泽化浅滩，原为虾池、盐田，经人工回填后高程为2.500m左右；场区土层共分5层，分别为素填土、淤泥质土、粉质黏土、砂层、基岩，综合管廊施工时平均开挖深度为6～7m，局部深度达10m，管廊基

图7.9　综合管廊智慧管理平台实时动态监管

本位于淤泥层。在软弱地基上，压缩模量低，协调变形能力差，易发生不均匀沉降，从而损坏管廊沉降缝，导致管廊渗水，管廊施工难度大。

2）成果措施与效益

针对这种情况，规划西1号线采用真空联合堆载预压与水泥搅拌桩复合地基处理方式，待基础稳定后，管廊底部换填石渣，局部流塑状的淤泥粉质黏土抛石挤淤1m，保持管廊的结构稳定性，管廊两侧进行钢板桩支护，管廊主体结构做结构自防水及外防水，防止结构发生裂缝时，地下水渗入管廊，合理设置沉降缝，同时加强对混凝土原材料的控制、混凝土配合比的设计和控制、混凝土生产的控制、混凝土施工过程的控制和混凝土养护的控制等，从多方面采取措施，保证消除混凝土的早期裂缝、提高构筑物的抗裂防渗效果。

5.成果五：多措并举创新防水，提高管廊运营寿命

1）成果背景及难点

青岛市作为海滨城市，青岛高新区地下水位高，存在海水入侵现象，地下综合管廊的盐碱腐蚀较为严重。

2）成果措施与方法

为确保西1号线综合管廊工程高质量完成，通过积极探索、科学论证等方式，遵循"以防为主、刚柔结合、多道设防、因地制宜、综合治理"的原则，最终通过采用防水混凝土结构自防水为根本，采取措施控制结构混凝土裂缝的开展，增加混凝土的抗渗性能，以变形缝、施工缝等接缝防水为重点，辅以全包柔性防水层加强防水。其中结构自防水采取混凝土内掺立威LV-8自愈型无机纳米结晶防水剂的措

施，与混凝土中主要成分发生交联作用。通过降低渗透性，封堵细微裂缝、孔洞和毛细管道，使防水施工与混凝土浇筑同步完成，并成为一个不可分割的整体，为混凝土结构提供长久有效的防水保护；管廊顶部及侧墙防水层施工后及时做保护层，地下综合管廊变形缝处防水采用复合防水构造等措施，结构防水等级为二级，延长了管线使用寿命，有效解决了管廊结构防水的难题。

3）成果效益与先进性

止水技术的应用，减少了综合管廊变形缝间漏水的可能，相比较常规止水措施，保障率高达90%，直接减少了管廊运行期间变形缝渗漏水维修费用，每年可节约投资约5000万元。

6.成果六：沿海淤泥地质拉森钢板桩外拉锚固沟槽支护工法

1）成果背景及难点

由于该项目所在地地质以沿海滩涂及淤泥为主，承载力差、流塑性高，地下管廊、管线等施工时需对沟槽进行支护。拉森钢板桩支护以其强度高、施工方便、快捷高效等优点得到广泛应用。为充分利用拉森钢板桩优点，加快工程施工进度，项目部组织人员对拉森钢板桩的支护体系进行了专题研究。

2）施工措施及方法

将9m长支护钢板桩打设完毕后进行拉森钢板桩的外拉锚固，在支护钢板桩内侧每隔3m打设一根9m长H型钢作为锚固受力点，型钢高出支护钢板桩顶30～50cm，方便锚索锚固。以锚固点为垂足在垂直于沟槽外11m处打设两根9m长、呈T形分布的拉森钢板桩，作为外锚固点，外锚固点间距也为3m一个，如图7.10所示。

利用断面形式1×7及抗拉强度不小于1270MPa的镀锌钢绞线将H型钢锚固受力点与T型钢板桩锚固点连接，拉紧后采用钢绞线锁扣锁紧。整体支护结构施工完

图7.10　拉森钢板桩外拉锚固沟槽支护

毕后，钢板桩与锚固体系呈"非"字形排布。

3）成果效益

本工法施工简单，施工周期短，能有效地加快施工流水节拍，缩短工期；本工法无内支撑的影响，为沟槽土方开挖及后续管线施工作业提供了充足的工作面，在加快施工进度的同时，降低了作业风险。

4）技术的先进性

拉森钢板桩的外拉锚固是利用钢板桩之间互锁结构配合外侧绳锚结构，起到护土、挡土作用，施工周期短，方便沟槽的循环支护作业。外拉锚固结构较传统的围檩+内支撑结构，能减少围檩及内支撑的焊接作业时间，加快施工进度，有效缩短工期。外拉锚固受力体系在沟槽的两侧，没有内支撑对沟槽内作业空间的影响，沟槽开挖及后续沟槽内吊装作业施工更简单、快捷。

该工法获得青岛市2019年市级优秀工法。

7.成果七：提高综合管廊中墙预埋槽道安装合格率

1）成果背景

综合管廊采用五舱断面形式，主管廊中墙设有预埋槽道，单个预埋槽道长为2.4m，每隔1m设置一道，总数近千道。为后期国家电网入廊提供了基础保障。因此，高质量安装预埋槽道，有利于降低入廊电缆架设过程中的二次整修，有利于降低成本，减少工期影响。

2）主要方法

在槽道外露面粘贴一层1mm厚的弹性海绵后，利用海绵的弹性，很好地填补了槽道与模板间隙。模板安装时，对拉螺栓间距由原来的0.5m，加密为0.4m梅花状分布，保证模板整体平整、稳定，确保模板安装完成后与槽道贴紧。在模板支设完成后，采用铁丝绑扎固定槽道，能够将槽道与模板固定在一起，增加整体稳定性。利用钢筋废料，在槽道背后增加三道横向锚固钢筋，增加了槽道与中墙钢筋的焊点数量，提高了槽道的整体稳定性。

3）成果效益

QC活动前中墙预埋槽道安装合格率为85%，活动后合格率提升至91%。综合管廊质量得到提升，有效降低了后期维修成本。经计算共节约成本44200元。

4）技术的先进性

通过本次QC活动，对有效提高沿海淤泥地质综合管廊预埋槽道施工工艺、操作程序和注意事项进行了详细总结，形成了书面的《提高沿海淤泥地质综合管廊预埋槽道安装合格率作业指导书》。QC成果《提高综合管廊中墙预埋槽道安装合格率》，获2019年度山东省市政工程建设优秀质量管理小组活动成果先进奖和水利工程优秀质量管理小组成果Ⅱ类成果奖，如图7.11所示。

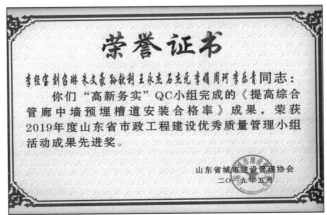

图7.11　QC成果所获奖项

8.成果八：提高大尺寸预制雨水箱涵拼缝质量

1）成果背景

工程地处滨海浅滩，地下盐碱水含量丰富。设计雨水箱涵外形尺寸为2.6m×2.9m，壁厚0.25m，采用预制吊装方式拼接，每节2m，重约13t。雨水箱涵作为"海绵城市"建设的蓄水系统，拼缝质量将直接影响箱涵内蓄水水质

2）主要方法

针对预制雨水箱涵，通过与预制箱涵供应商协商，在箱涵顶板增加四个起吊点，使其分布于箱涵顶板四角，同时确保四点位于同一水平面，保障吊装过程箱涵稳定、不晃动。安装过程中，张拉千斤顶改为两个，可同时张拉两根钢绞线，张拉顺序调整为先底板、后顶板，张拉过程实时调整箱涵姿态，控制拼缝质量。

3）成果效益

QC活动前预制雨水箱涵拼缝合格率为85%，QC活动后合格率提升至91.3%，提高了工程施工质量，降低了后期维修成本。通过此次QC活动，预制雨水箱涵拼缝质量得到明显提升，有效降低了后期维修成本。经计算共节约成本46100元。

4）技术的先进性

在对本次QC活动成果有效论证的基础上，小组成员依据活动中所采取的措施，总结提高大尺寸预制雨水箱涵拼缝质量的操作规程、施工工艺和注意事项，形成了书面的《大尺寸预制雨水箱涵施工作业指导书》。QC成果《提高大尺寸预制雨水箱涵拼缝质量》，获全国市政工程建设优秀质量管理小组二等奖和山东省市政工

程建设QC小组活动成果一等奖，如图7.12所示。

图7.12　项目在全国及山东省QC活动成果中获奖证书

第三部分　总结

一、技术成果的先进性及技术示范效应

本项目作为管廊试点项目，实现了山东省内污水入廊零突破，通过深入分析实现了全管线入廊，树立了污水入廊典型，并将成果转化为多项专利及省级规范，引领了全省的管廊建设示范；此外，通过设置检修车通道，方便了大管径管线安装、更换，运营维护实现了全机械化；研发了燃气舱管节式预制装配技术与防泄漏关键技术，推动了综合管廊建设的标准工业化。

项目建设中突出BIM数字化技术应用，并贯穿于管廊建设中设计、施工、运维全生命建设周期，突显出管廊建设的智慧化。

项目搭建管廊智慧管理平台，提出智慧管廊运营管理理念，建立基于空间可视化的工程精细化、透明化、实境化新型运维管理模式；针对在压缩模量低的软弱地基、协调变形能力差易导致节间不均匀沉降等技术难题，遵循"以防为主、刚柔结合、多道设防、因地制宜、综合治理"的原则，加强管廊主体结构自防水，增加混凝土的抗渗性能，以变形缝、施工缝等接缝防水为重点，辅以全包柔性防水层加强防水，提高结构抗渗能力，减少变形缝间漏水问题。

项目在施工过程中，提出了"沿海淤泥地质拉森钢板桩外拉锚固沟槽支护工法"一项，提出了"提高综合管廊中墙预埋槽道安装合格率""提高大尺寸预制雨水箱涵拼缝质量"QC成果两项，有效指导了青岛、威海及聊城等地区综合管廊的建设，为同类工程建设提供了宝贵的、可靠的建设经验。

二、项目节能减排等的综合效果

经核算，项目在以上新技术应用后，每万平方米建筑垃圾产生量仅约为163t，建筑废弃物再利用率和回收率达到50%，有毒、有害废弃物分类率达100%，节约钢材约20t，模板周转次数5次，非传统水源和循环水的再利用量大于30%，有效贯彻了《住房和城乡建设部关于推进建筑垃圾减量化的指导意见》。

三、社会环境效益

项目建设过程中加强全生命周期的管控，加快了项目施工进度，提高了工程质量，项目的顺利完工标志着高新区西片区主干路网进一步得到完善，为市民出行带来了便利，同时对加快周边康复中心医院等地块的建设，促进高新区发展有着重要的作用。传统管道埋设方式对地下空间的占用比较大，而采用综合管廊敷设市政管线可以提高道路空间利用效率，节约城市空间，释放出的空间能产生更大效益，而且可以为城市发展预留适当弹性。

四、经济效益

项目综合管廊的建设，大幅延长了管线寿命，保障了管线安全运行和服务能力，大幅降低了各类管线在生命周期内的建设运行成本；同时避免了管线更新、维修引起的道路二次开挖，降低了路面多次修复费用和管线的维修成本，增加了道路的完整性和耐久性，提高了道路的使用寿命及服务水平。工程建设对管线进行集中管理、维护和监控，可降低给水、燃气等入廊管线的泄漏和安全事故，提高了资源能源输送效率和经济效益。经核算，项目经济效益提高约为同类项目建设产值的5%。

专家点评

党的十八届五中全会提出"创新、协调、绿色、开放、共享"的新发展理念。城市地下综合管廊作为一种绿色发展方式，践行了新发展理念。地下综合管廊的建设在完善城市功能、提升城市综合承载力方面发挥着重要作用，具有资源集约化、使用寿命长、安全性能高、环境效益佳、管线运行维护方便等显著优点。2015 年，国务院办公厅印发《国务院办公厅关于推进城市地下综合管廊建设的指导意见》(国办发〔2015〕61 号)，进一步明确了推进城市地下综合管廊建设的总体要求。

青岛市高新区规划西 1 号线道路及综合配套工程的建设以国家地下综合管廊试点示范项目为依托，遵循低影响开发建设、积极探索绿色智能、节约资源和能源配置、坚持科技创新应用，最终实现了四节一环保、高效低成本的城市基础设施建设目标。

工程规划设计阶段，在满足完善的服务功能的前提下，通过合理规划管廊线路、应用数字化技术手段、合理设计断面及结构尺寸、制定有效可靠的防水方案、预留适度开发空间、适度设计预制装配等措施实现了绿色规划设计，建立了绿色设计的基础；施工阶段，在节约资源、减少污染、保护环境的原则下，采取积极合理的基坑开挖及支护工法方案、提高中墙预埋槽道的安装合格率、提高大尺寸预制结构拼缝质量等措施加快了工程施工进度、提高了现场管理的效率，实现了绿色施工的保障；工程运维阶段，针对综合管廊运维阶段设备设施多、风险集中、管理成本高等问题，建立了运维监控统一管理平台，应用覆盖实时监控、巡检和维护等运营、资产、管线入廊、安全、应急、信息管理等内容，全面提升了管理运维的精细化水平和风险管控能力，有效降低了运营中的人力和资金投入成本，在保障运营安全的同时，实现了工程建设价值的最大化。

规划设计、施工、运营一体化，为综合管廊的绿色建设提供了内在的需求，未来综合管廊的建设将朝着一体化、快速化、标准化、工业化、规范化、机械化、智能化等方向发展。本工程的相关建设中绿色低碳规划设计理念的创新、专利及规范标准的孵化、新施工工法及成果的转化等均为青岛市城市综合管廊的建设提供了可参考、可复制的典型案例经验，提供了后续工程建设的标准，同时也为类似地质特征、规划条件的山东省乃至全国其他城市综合管廊的建设提供了可参考的依据，对我国综合管廊的建设具有很强的实践及指导意义。

8

平望古镇综合提升改造工程项目

第一部分　项目综述

一、项目背景

1.项目概况

1）项目地理位置

工程坐落于苏、浙、皖、沪三省一市中心的苏州市吴江区平望古镇，318国道、227省道、苏嘉杭高速、沪苏浙高速、南北快速干道贯通镇区，京杭大运河、长湖申线、太浦河在镇郊汇聚。

2）开竣工时间、建设工期特别要求

综合提升改造工程共计由4个标段组成，需整体协调施工以保证同时交付使用。工程于2021年11月开工建设，2022年6月完成竣工验收工作。

平望古镇综合提升改造工程中由镇中心姚家弄、司前街、南前街、南大街共计4个不同标段的改造工程组成，均由中亿丰古建筑工程有限公司承接。工程总面积为12640.4m²，遵循"平望·四河汇集"以活态运河古镇为塑造目标，不搞大拆大建，精细修复古街肌理，并尽可能保留古镇原有生活方式。

3）工程相关方

建设单位：苏州市吴江区平望镇建设管理服务所

施工单位：中亿丰古建筑工程有限公司

设计单位：苏州园科生态建设集团有限公司

监理单位：江苏东南工程咨询有限公司

2.项目历史

平望古镇始建于明朝洪武年间，有充足的资料资源和历史文化的基点，但随着时代发展，老镇区的建筑老化，基础设施建设落后，街巷与原有院落内部私搭乱建的现象普遍存在，外墙上也可见各种管线搭接、暴露在外。同时，工程包含商业、民宿、民宅等多种建筑类型及使用工程，建筑主体、屋面又长时间无养护、修复，结构稳定性薄弱及防水等使用功能损坏已大规模出现。

二、项目难点

1. 设计理念

本工程以改善民生出发，以保护历史载体的真实性、历史环境的整体性为主线，参照山塘历史文化街区平江路街道，以苏式风格为主，设计改造整体效果如图8.1所示。

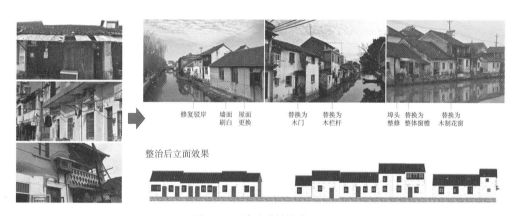

图8.1　设计改造整体效果图

整体上保留街巷肌理，延续多样的风貌特色，对现有砖混、砖木建筑进行结构稳定性检测，针对性出具设计修复方案；拆除违章搭建，清除杂乱场地，恢复原有的建筑风貌、巷道及公共空间，重现巷道、建筑与河道之间的生活联系；同时局部大胆尝试植入与传统建筑相协调的现代建筑，进行重构，使得新老建筑交融，活跃街区氛围，在维护和保护旧建筑并保持其风貌的前提下，大胆采用新技术和新材料。

2. 项目改造对比

本工程施工范围主要为结构主体修缮、外立面违章拆除及仿古安装、传统瓦屋面修缮等，内部装饰由于大部分为民宅，不做处理。外墙改造过程包含墙面的基层处理、纸筋灰、做旧、防水；小青瓦屋面保留大部分好用的老瓦，重做卷材防水层；门穿洞口上部增设木结构仿古披檐，窗扇均改造为铝木双层替换；窗台根据情况增加镂空花窗造型，室外广场地面则采用大面铺装或局部旧石料替换的方式进行，同时整体性配合绿化种植，打造生态古镇。施工改造前后对比如图8.2所示。

图8.2　施工改造前后对比照

在砖木传统建筑结构修缮方面，在前期做好现场勘察、古建筑结构安全性能评定、修缮和外立面仿古建筑施工作业计划，坚持样板先行，在标段工程初期，对南大街两栋砖木结构传统建筑进行落架修缮施工，替换木结构主体及屋架局部不合格、严重腐朽的构件，重新砌筑山墙，改造后的效果对比如图8.3所示，效果明显。

图8.3　门店仿古整体修缮加固对比

第二部分　工程创新实践

一、管理篇

1.组织机构

本工程为财政资金建设，由当地平望镇政府单位主导、苏州市吴江区平望镇建设管理服务所现场主管，后期临街商业等也均由其管理运营，并由中亿丰古建筑工程有限公司施工、苏州园科生态建设集团有限公司负责设计。通过全过程有效管理，严格按照计划施工，实现了项目的准确交付。

2.重大管理措施

本工程作为"城市更新"古建改造工程，通过设计及施工优化，提高了原有建筑材料利用率。例如，木结构采用部分修补、替换的方式进行修缮，降低了材料耗用，同时，铝代木型材减少了现场油饰喷涂等工序的使用，此外，以烤漆类成品为主投入安装，在环境保护、节能减排降耗等方面成果显著，充分体现了绿色生态施工治理的原则。

3.技术创新激励机制

施工单位执行技术创效激励机制，鼓励采用新方法、新工艺，鼓励研发施工人员，通过现金及考评奖励，申报了多项仿古方面的专利及工法，形成了企业标准并在后续的标段中严格执行。

二、技术篇

1.传统古建筑综合修缮技术

本工程运用了多项古建筑改良新技术，运用于披檐、景墙、木作等多个方面。披檐安装技术是对既有建筑外立面仿古过程中，需在原有门洞上口增设披檐结构形成的简易安装程序。由于片区建筑结构类型不统一，外立面仿古披檐改造过程中根据需求既要符合传统营造技艺的外观效果，同时也要兼顾安装的稳定性，所以取消了现浇结构和钢结构龙骨外装木饰面板的这种仿古形式。

披檐采用钢板、螺杆预理体系，将木梁、短柱与墙体对穿拉结固定，出墙部分还是遵循香山帮传统营造技艺，充分展现了古建筑的美感，同时也减少了混凝土、钢材料的耗用问题，现场木作拼装简化了加工处理程序，使施工效率更高，如图8.4所示，该项专利已授权。

瓦件拼砌漏窗是采用瓦片及望砖进行图案及边框砌筑，结合纸筋灰、细砂浆一遍遍粉刷涂抹形成的镂空景观墙体。本工程为美化外立面效果，展现传统营造技艺的魅力，在景观墙及二层室外阳台栏杆矮墙上进行了应用，去除了原有外形粗糙、线条生硬的水泥制品漏窗。

在瓦件拼砌漏窗施工过程中，主材瓦片及望砖均采用了揭瓦修缮时的废弃材料，通过切割、整形制作而成，望砖则更是采用粗望砖或表面有裂纹不能再次用于屋架的材料制成。该工艺绿色环保，实现了废弃材料的二次利用和传统工艺美感的呈现。针对传统古建筑的修复和建造，本工程针对不同程度受损的古建筑，通过对其瓦屋

技术成果文件

图8.4 披檐安装及专利证书

面的翻新改造、增设防水及排水措施，提升了瓦屋面排水功能及使用寿命。在主体结构方面，以古建筑修缮原则为核心，尽量不搞大拆大建，尽可能地保留原有的建筑气息，通过柱脚墩接及碳纤维加固措施，保留了大部分的大木作框架结构；对于受损严重的檐口部位，出檐部分剔除其表面糟朽并打磨细致后重新刷漆；对于破损严重、檐口发生变形沉降情况的，切除部分出檐椽进行拼接修复，重新安装上部飞椽及瓦口板等小木作结构后砌筑瓦屋面，保证了建筑的结构安全性及功能性。

2.城市文化建设及资源梳理

本工程是"平望·四河汇集"综合改造项目中的重要一环，为充分保护和展现大运河的历史文化孕育而生，同时据考证，平望是大运河沿线历史城镇中，传统运河空间尺度保存最好、城镇与运河空间联系最为密切的一座。

一方面，针对以前老街小巷私搭乱建的现象，统一进行了清理和改造施工，统一了商业区和街巷外立面的建设效果，例如瓦面形式、檐口样式、墙面效果、门窗款式等，更加符合古镇江南水乡的文化风貌。

另一方面，梳理了平望镇的历史文化资源与古建筑等实体资源，从物质文化遗产结合非物质文化遗产的角度出发，积极利用现有资源，也包含了一部分过去疏于管辖的历史建筑，集中打造、开发，已形成了例如顿塘新渡、初见书房、群乐旅社、大运河畔的平行旅程等一系列政府和民间资本介入的文旅产业开发项目，将工业遗存改造成太浦河畔的秀丽美景。

3.社会环境综合治理

本工程以生态环境、历史环境、民生环境三个方向统筹发展。提升改造工程涉及设计规划、建设施工至后续的运营维护，目标是要实现"性能、功能、文化"的综合提升，采用的方式及建造手段具备科学合理、成本可控、有操作性的原则。

生态环境及历史环境方面，古镇注重历史文化遗产的保护、城镇空间肌理的保留、水土资源的保存。目前，全镇仍完整保有10余处重点文物保护单位、32处文物古迹，水土资源保护完善，同时不进行盲目的扩张建设，拒绝房地产等行业的介入，以保护和文化开发为主，街巷布局和名称等也都以历史记载的信息体现，商业发展模式也是以配套型为主。室外景观方面，河道水流穿行，水质长期治理，河床及堤岸本次也进行了修复和清理，新增了两岸和街道、院落的绿化布局，生意盎然。

民生环境方面是本次改造的一大重点，根据前期的规划，本工程涉及的大量施工区域均为小镇老旧居民楼，其中包含了19世纪至20世纪七八十年代的各类建筑类型，空间复杂且需求均不相同。本次改造工程一方面是以吴江区平望镇文旅产业开发打造为契机，另一方面也是对这一片老旧居民区生活环境的建设提升。通过对街巷的基础建设升级，解决结构安全性、建筑功能性疑难杂项，优化了居民生活和出行的安全性和便利性。同时，综合社区活动中心、商业街区等功能的打造也丰富了居民的生活情趣，提升了生活质量。

4.品牌提升

通过一系列综合性的提升改造项目，紧抓苏州"运河十景"—"平望·四河汇集"的这样一个历史契机，以吴江"鲈乡燕语·理遇运河"为理论宣传品牌，打造大运河国家文化公园项目，发展独属于吴江平望的文旅品牌。以政府单位为主导，携手各方力量锚定"平望·四河汇集"建设，打造以运河文化为主题的线下文旅目的地、更具体验性的线上智慧文旅入口，对古镇建筑、文化资源进行梳理利用，在老街区里植入新业态，活化传承运河文化。目前，已成果打造了多处"网红景点"，得到了社交媒体和各行各业的重点关注。

第三部分　总结

本工程以"保护为主、综合治理"的开发理念，着力于片区风貌复原、建筑结构安全性改造、文旅产业链打造等理念，提高实体及观感质量，同时简化外立仿古安装工艺流程，以生态环保为施工原则，节能减耗，形成总结了一系列运用良好的创新技术成果，为古城"城市更新"片区改造工程提供了示范样本，图8.5展现了司前街的提升改造效果及整体风貌。

在项目改造过程中，采用仿古披檐安装预埋体系，节约了混凝土现浇板屋面的木构件工厂化生产、现场装配化拼装施工，无大量建筑垃圾产生。综合木结构修复技术，针对不同程度、不同时代的传统古建筑进行落架大修、木作更换、柱体墩

图8.5　司前街改造后实景图

接、檐口加固等多项措施，以"保护第一、加强管理、挖掘价值、有效利用、让文物活起来"为原则，充分展现古建筑的活力。瓦件拼砌漏窗，再现了古典江南景墙风貌，通过充分利用旧材料，黏土砖瓦二次利用率达到了50%以上。同时，采用简化的安装工艺，大量节约了工期，为后续外墙粉刷改造和室外绿化景观的优化设计预留了大量时间，使其整个片区改造效果更上一层楼。

在积极做好历史文化遗产保护、提升岸线保护利用水平的前提下，打造功能品质全面提升的新江南空间，更好地发挥大运河对经济社会发展的支撑滋养作用，以此为项目开发建造的主线，经过半年以来有序的综合提升改造施工，塑造了平望古镇新貌，展现出了江南水乡独特的韵味，涉及原住民200余户，占整个古镇原住民人口约15%，极大地改善了居民的生活环境，为平望古镇打造出优质的民生、文旅工程。综合提升改造工程顺利验收交付后，其工程质量及整体效果受到了苏州市、吴江区、平望镇各级政府的一致好评，重新梳理了平望古镇的历史文脉，再现了烟火气、人文气息以及江南水乡的古典雅致。作为平望古镇重点民生改造工程之一，助力省级美丽宜居城市试点项目"平望·四河汇集"的顺利落地，用绣花功夫做好美丽宜居城市建设和城市更新工作，以活态保护赓续运河风华。

图8.6就充分展现了老街的生活气息，沿着司前街古老的青石板路前行，两侧

图8.6　老街街巷生活照

的老屋格局依旧，昔日的群乐旅社经过精细修葺，成了民国风情浓郁的群乐茶馆，磨剪子的老艺人蹲坐在家门口打磨时光，新民浴室四个鲜红的大字在白墙上依旧瞩目，安德古桥上，老街居民正如往日一样坐着纳凉。穿过经年的历史长河，这条老街在烟火气中，以更青春的姿态重现着昔日的繁华。

专家点评

项目整体规划、设计、施工是符合如今政策"城市更新"及古建筑"活化利用"的，通过在平望古镇的片区性仿古改造，从中利用一些新型工艺技术，起到了绿色、环保、节能的效果，整体成果是值得肯定的。

从品牌塑造层面，该项目由政府单位主导，主力宣传，形成了"平望·四河汇集"这个试点项目，力求塑造出古今交融的"运河第十景"，有强大的地域影响力。通过网络等途径也能查到很多平望古镇改造的信息，是以山塘历史文化街区这样的优秀案例方向往高质量上打造的一个项目，平望古镇品牌文化塑造的成果是显著的。

这个项目的主要成果还是体现在文化、治理和综合价值上，作为千年古镇的光彩重现，融合了符合苏式古典建筑风格的国家级非物质文化遗产——"香山杯"传统营造技艺，在施工过程中揉入这样一种文化与工艺的元素，设计层面坚持保留原始风貌、坚持文脉传承的设计原则，综合下来，就是保留了街区的这种古典、富有韵味的载体，只有通过这样的一个载体，才能真正实现文化价值的汇入。

作为一个民生工程，本次的范围涉及原住民200余户，按照古镇整体居住量来说不算很多，但是给后续整个古镇的推进式改造留下了示范样板。改造是为了更好地安居乐业，商业元素在本次施工改造中涉及的范围不多，在文旅方面倒是更加能够体现出价值和成果，通过以这种古镇、老街的原始街巷气息来吸引外来的大量游客，并可以在地块中融入一些仿古商业街区，带动平望镇、吴江区的产业链发展。希望能在后续服务和治理方面重点加深，如再造一个山塘等。本次施工中未提到一些文物建筑的改造施工信息，这是一个很好的宣传和文化价值点，可以将这些有名有姓的文物古建筑、名人景点运用起来，核心化经营。

在技术成果方面，本工程发扬了传统工艺配合现代建造科技的工匠精神，从小的施工节点提炼了一批专利和工法、标准并进行有效应用，这些成果提高了施工效率，节约了人力资源，同时通过二次回收利用，充分发挥了绿色节能施工的核心价值。

总的来说，这是一个具有"城市更新"示范效果的片区改造工程，值得类似项目来进行学习和参考。

9

北京工人体育场改造复建项目（一期）

第一部分　项目综述

一、项目背景

　　一座北京工人体育场，半部新中国体育史。北京工人体育场（简称"工体"）始建于1959年，是北京"十大建筑"之一、建国十周年献礼工程，也是新中国首个国家体育场。过去的60多年里，工体是国家级乃至世界级重要文体活动的举办地，全运会、亚运会、大运会、奥运会均曾在此举办，也是中国流行音乐的殿堂、京城酒吧夜店文化的发源地。1996年，工体成为国安足球俱乐部的主场，北京国安队曾在这里两捧足协杯，斩获中超联赛冠军，工体是广大足球球迷的神圣殿堂（图9.1）。

图9.1　老工体实景

老工体经过4次加固，使用年限于2020年到期，存在设备陈旧、功能老化、结构抗震及安全性无法满足国际大型专业赛事的要求、配套市政基础设施落后、交通快速疏散流线差等众多因素。2020年6月北京市委市政府决定遵照"传统外观、现代场馆"的原则对工体进行改造复建（图9.2）。传统外观即三不变——主体椭圆形造型基本不变、外立面形式基本不变、历史记忆特色元素不变；现代场馆则是作为"全国首批、首都首座"国际标准专业足球场，针对承办高等级足球赛事而专门进行的相关设计。完全按照FIFA（国际足联）关于专业足球场的相关标准进行设计和施工，它不仅能够满足国内赛事的承办需要，更将放眼世界、对标国际标准（图9.3）。

原立面（1959年） 复建前立面（2020年） 复建后立面（2022年）

图9.2 工体各历史阶段

图9.3 工程效果

1.项目概述

项目位于北京市朝阳区工人体育场内，坐落于工人体育场北路。东至工人体育场东路，南至工人体育场南路，西至工人体育场西路，北至工人体育场北路。北侧、东侧为商业区及居民区，南侧为富国海底世界，西侧为工人体育馆（图9.4）。地理位置特殊，对工程绿色建造、智慧运营及城市更新有较高要求。

本项目建设用地为自有用地，土地用途为文、体、娱，土地使用权面积约28.6万 m^2，改造后建筑总规模为38.5万 m^2。

图9.4　工程周边环境

体育场主体结构为混凝土框架结构，地上6层，地下2层，配套局部3层，地下室主要功能为体育配套建筑，功能为商业、停车、设备用房和生活设施等，地下室东西长495m，南北长438m；体育场主要功能为专业足球场，东西长215m，南北长280m，屋顶最高点标高为47.300m，屋顶为钢结构罩棚。看台共约68000座，整个结构为一整体，不设伸缩缝。建筑结构设计基准期为50年，建筑结构使用年限为100年（图9.5、图9.6）。

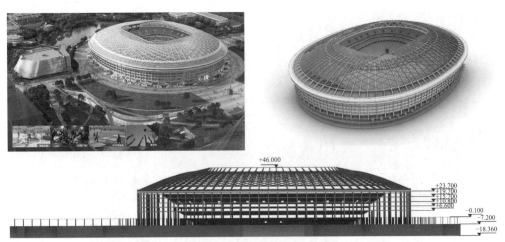

整体侧立面示意图（单位：m）

图9.5　体育场建筑效果

工程主要参建单位为：

建设单位：北京职工体育服务中心（北京市总工会、体育局代表）

运营单位：中赫工体（北京）商业运营管理有限公司（股东方代表）

设计单位：北京市建筑设计研究院有限公司

勘察单位：北京市勘察设计研究院有限公司

施工单位：北京建工集团有限责任公司

监理单位：北京诺士诚国际工程项目管理有限公司

其中建设单位、设计单位、勘察单位、施工单位均为1959年原参建单位，传承意义重大，同时本工程是PPP政府和社会资本合作项目，是城市更新新模式的探索。本工程于2021年1月14日开工，于2023年3月29日竣工。

图9.6 工程剖面

2.项目历史

本工程在改造复建前一共经历了4次改造加固，除围绕亚运会及奥运会进行了2次较大规模的加固外，2000年大运会前因建筑设计的要求，拆除了主席台看台的三根框架柱，并将相关的梁、柱进行了加固。2011年工人体育场改造成专业足球场，新增了部分看台和包厢，小看台进行了局部加高。

为适应亚运会的举办要求，体育场于1986年经历了第一次加固改造，设贵宾室、组委会用房、新闻发布中心和电视转播室，主席台两侧增设了记者观察室，翻修了运动用房和高级客房。因照明需要，东西两侧更换安装了48榀24m长的大型钢梁（图9.7）。

第一次改造之后，经过长期使用以及在温度应力的作用下，部分斜梁在梁柱节点附近出现了裂缝，且由于建设初期未考虑抗震设防，为满足2008年北京奥运会足球比赛举办要求，于2006年再次进行了改造加固。此次改造本着最大限度地保持原建筑外貌和风格的原则，采用了阻尼器抗震加固技术、体外预应力技术、阻锈剂加固技术，并增加照明灯梭形钢管桁架预应力拉索等（图9.8）。

图9.7 第一次加固改造后的工体

图9.8　2008年改造后工体实景

2018年，国家建筑工程质量监督检验中心对工体进行了房屋检测鉴定，结果为Deu级，也就是房屋结构安全性和建筑抗震能力整体严重不符合国家相关标准。同时，工人体育场原设计标准已相对落后，设施设备陈旧，相关功能老化，已无法满足举办国际大型专业足球赛事的功能要求。

2020年6月24日，首规委主任、北京市委书记主持召开了专题会议，研究工人体育场改造重建相关工作。会议强调，北京工人体育场是中华人民共和国成立10周年时建成的重要建筑，也是第一批"十大建筑"，已列入首都近现代优秀建筑名录，承载着首都人民乃至全国人民的情感和记忆，备受关注。经过几十年的使用，工人体育场主体结构已达到使用年限，期间虽进行了几次结构加固和设备改造，但安全性问题依然突出。会议决定要制定工人体育场改造重建的设计标准，首先得明确亚洲杯相关的需求和各项设计标准、竞赛标准等，满足2023年亚洲杯足球赛的办赛要求，然后需要对国际足联的办赛要求提前进行分析研究，满足将来承办更高赛事比赛的要求，力争将工人体育场打造成国际一流的专业足球场。同时需要统筹考虑市民体育运动和健身需求，借鉴其他体育场馆运营的好经验，打造"体育+"，推动体育产业发展，提升体育消费能力，力争将工人体育场打造成为新的区域地标和活力中心，延续"十大建筑"历史经典。

二、项目难点

根据市委市政府对于首都"国际消费中心城市"的规划，北京工人体育场是承载时代使命，汇集国际顶尖资源，挖掘全球先锋艺术、文化的国际文体名片，是新中国"十大建筑"城市更新的探索，具有划时代意义。具体难点如下：

第一，超级工程，专业协调难度大

新工体建设分为保护性拆除和原貌复建两个阶段，38.5万 m^2 的工程体量，27

个月建设周期，参建各方都顶着巨大的工期压力和复杂的工程特点在紧锣密鼓地开展工作。工程涉及大体量现浇清水混凝土结构、大跨度单层拱壳钢结构、高透光率聚碳酸酯板幕墙以及丰富的体育工艺，整个施工组织需要周密部署，各专业穿插、重点方案选择都将影响工程的顺利进行。整个工程参建单位多，信息传递的时效性同样较为关键，因此专业协调是工程建设的基础保障。

第二，历史传承，风貌保护要求严

"北京的建筑，要庄重典雅，把现代功能与悠久文化有机结合起来"，老工体作为曾经的"十大建筑"，为誉为"北京最后一个四合院"，承载了北京乃至全国人民三代人的情感和记忆。为确保重塑工人体育场庄重典雅的建筑风格，保留城市记忆，新工体需要与原有的外观尺寸相统一，历史记忆构件要原貌复刻，同时还要增强材料的强度和耐久性，使风貌保护和功能提升有机结合。因此在提升现代功能的基础上，如何复建新工体，将其庄重典雅的风貌重现是工程建设的核心。

第三，升级改造，专业球场属性强

本工程是在老工体的功能基础上升级改造，建成后的新工体将是一座科技含量高、专业属性强的国际化专业足球场。因此新工体不仅要满足亚足联、国际足联的竞赛标准，还要结合欧洲五大联赛最新设计理念，从看台的构造、视觉的分析、建声、电声、光线变换、草坪生长等方面进行大量模拟试验，统筹考虑整个场馆流线及业态管理，建设令球迷舒适的世界级球场。同时为打造国内首批、北京首座专业化足球场，整个项目必将应用大量新材料、新技术、新设备、新工艺，因此整个建设团队需大量走访国内外先进场馆进行实地调研，明确专业标准，吸取专业经验。专业标准的确立是工程建设的方向。

第四，文体名片，智慧场馆体验优

工体见证了新中国体育事业的发展变迁，引领了改革开放后时尚、音乐等文化潮流。工体项目凝聚城市精神、传承首都记忆、促进国际文化交流。工体具有天然的体育DNA，可打造国际文体产业交流平台，将重点导入各大国际运动协会、俱乐部的中国办事处等高品质体育机构资源，并依托周边使馆资源，打造首都国际文化交流新窗口。因此新工体的建设要以集"新体验、新商业、新保障、新模式、新基建"为一体的智慧工体为导向，打通从线上体育媒体资源到线下赛事赞助、俱乐部代理、自主赛事、体育经纪等体育服务，形成可持续、高质量的商业运行生态。智慧场馆观众人群的体验是工程建设的最终表现形式。

1. 设计理念

工程以传承历史、铸造经典为主线，以下列准则为建设全周期的基础：

风貌保护：保持工人体育场的历史风貌，注重北京特色的体育文化传承。

标准提升：达到举办国际赛事的标准。

公共安全：符合现行建筑设计与城市规划的规范要求，合理延长使用年限。

综合整治：统筹开展主体建筑改造与外围环境整治工作，分步实施，大幅度提高地面绿化面积。

公益空间：保留并延续必要的公益性体育功能空间。

利于运营：创造有利于场馆运营规律的空间形态，充分利用空间资源。

地下空间综合利用：结合北京地铁3号线和17号线，对场馆地下空间进行一体化建设。

适度前瞻：基于现实条件争取在一定程度上实现有前瞻性的、现代化的、国际的专业功能与设施，对城市功能、服务业态进行合理补充与升级。

北京工人体育场改造复建按照"保护为先"的原则，坚持"传统外观、现代场馆"设计理念，充分保护和恢复工人体育场建设初期的重要特色元素，尽量利用原有构件、原有质感、原有样式，重塑工人体育场庄重典雅的建筑风格，传承首都历史文化风貌，保留北京"十大建筑"城市记忆。统筹考虑大型赛事人员集散、场馆运营和交通组织等功能需求，建设规模事宜、上下连通的地下空间，提高对大型活动和日常群众活动的保障能力。按照"平疫结合"做好空间功能转换设计，提高场馆及地下服务设施公共卫生、公共安全设计与建设标准，保障公共安全（图9.9）。

图9.9　设计方案

2.项目改造对比

1）三不变原则

（1）椭圆形造型基本不变

新工体相较于老工体外轮廓略微外扩2.8m，解决了椭圆形边界与内部长方形足球场形态冲突的问题，满足了内部环形通道的需求，同时外轮廓外扩也有利于立面比例的协调（图9.10）。

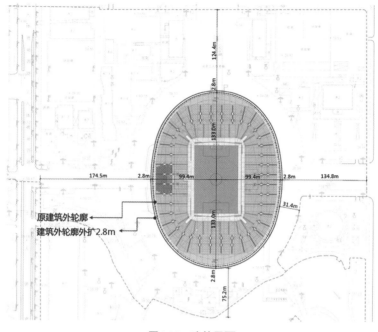

图9.10　建筑平面

（2）立面形式和比例基本不变

檐口高度增加2m，形成对新增罩棚及支撑构件的视线遮挡，同时，每个开间增宽0.177m，改造后立面高宽比例基本保持不变（图9.11）。

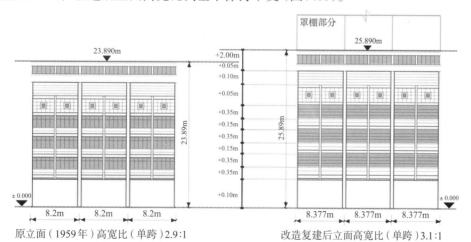

原立面（1959年）高宽比（单跨）2.9:1　　改造复建后立面高宽比（单跨）3.1:1

图9.11　改造前后立面对比

改造复建后距离体育场60m范围内，罩棚不可视，立面观感与原立面（1959年）基本保持一致（图9.12）。

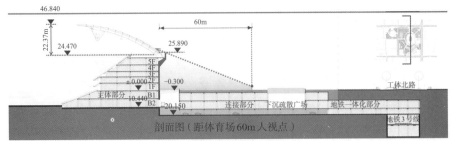

图9.12 立面视线分析（标高单位：m）

（3）保留特色元素基本不变

充分保护和恢复工人体育场建设初期的重要特色元素，尽量利用原有构件、原有质感、原有样式，重塑老工体历史文化风貌（图9.13）。

图9.13 特色元素前后对比

2）四大变化

（1）看台及座椅与专业场馆匹配

在保证原有历史风貌的前提下，对标亚足联及国际足联的办赛标准，体育场主体地上建筑规模约10万 m^2，地下建筑规模约7万 m^2。为确保观众观赛视觉体验的提升，采用对标欧洲五大联赛的"看台碗"设计，摒弃老工体的盘式结构，提升场地内看台坡度。看台观众席所有池座看台、大部分包厢看台及东西楼座看台都在最优视距90m范围内，场内所有观众席均在190m标准内。整个球场距离观众席最近仅为8.5m（图9.14）。

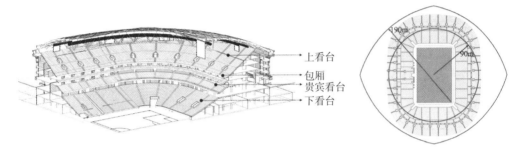

上看台
包厢
贵宾看台
下看台

图9.14 体育场看台分布

老工体原看台C值（C值指从观众人眼到后排观众视线的垂直距离，用于评价视线质量。C值越高，视线质量越好，越不易被前排观众遮挡视线。国际上公认的人眼中心到头顶部的平均距离为120mm）为60mm，国际足联要求最小值为60mm，中间值为90mm，最佳值为120mm。改造后的看台C值楼座为60mm，池座为90mm，包厢为120mm。

看台座椅由原看台间距700mm，改造为800mm，座椅间隔也略微增加20mm，观赛环境更为舒适，且整体采用了市属国槐绿的风格，同时在体育场首层四个弧角处增设了无障碍座席（图9.15）。

体育场北侧设置约1.5万座"死忠"看台，为提升工体足球文化，加强"看台碗"整体通风效果，提升球迷观赛体验，加深足球文化印记。在南侧池座看台前10排增设约1200座可伸缩活动座椅，用于文艺活动等舞台的搭建，确保文体活动自由切换（图9.16）。

（2）屋面罩棚功能与建筑融合提升

老工体仅设置最长18m的挑棚，无法完全满足国际大型专业足球赛事罩棚覆盖所有座席的要求（图9.17）。

新工体不仅新增罩棚全覆盖整个观众席，同时本着"展现殿堂形制和都城气质

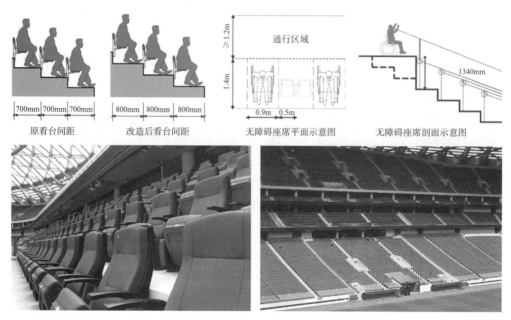

图9.15 体育场座椅

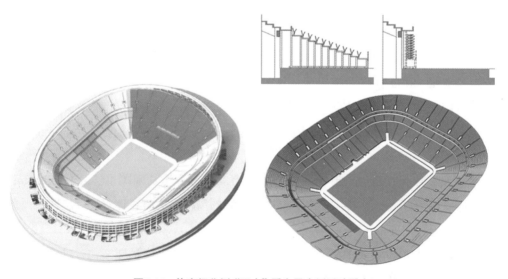

图9.16 体育场北侧"死忠"看台及南侧活动看台

的庄重，强化构造细部与比例尺度的典雅"将新工体罩棚分为三个区域由内而外分别是聚碳酸酯面板挑檐、聚碳酸酯面板屋面、镶嵌光伏发电的通风金属装饰翼。三个区域含11个系统，集遮阳、排水、融雪、吸声降噪、泛光照明和光伏发电6大功能于一体（图9.18）。

选择聚碳酸酯面板作为幕墙主材是因为它的一种分子链中含有碳酸酯基的高分

图9.17 老工体罩棚

图9.18 新工体罩棚

子线型聚合物，是五大通用工程塑料中唯一具有良好透明性的热塑性工程塑料，可见光透过率可高达90%，是近年来建筑装饰业理想的采光材料之一。其具有突出的抗冲击、耐蠕变性能及较高的抗拉强度、抗弯强度、断裂伸长率和刚性，并具有较高的耐热性和耐寒性，综合性能优异。新工体项目选用聚碳酸酯面板作为主要面材，是因为其材料性能相较于普通玻璃更具明显优势，高透光率可满足草坪的自然生长；其密度仅为玻璃的一半，但抗撞击强度是钢化玻璃的2～30倍；其有抗紫外线涂层，另一面具有抗冷凝处理，可集抗紫外线、防热、防滴露功能于一身。整个面板的安装方式为螺钉安装或锁扣安装，较为简单（图9.19）。

图9.19　罩棚聚碳酸酯面板

在罩棚的设计上通过强调径向梁的手法，打造视觉稳定性和主场气质，从而更具支撑感和向心力，展现出国家级体育场的庄重和大气，体现团结、努力、向上的体育精神。罩棚金属导风翼融合的光伏发电技术，是指在罩棚外圈设置环绕一周的光伏发电区域，将太阳能电池组件、控制器和逆变器等电子元器件组成发电系统，以百叶的形式整合在依据罩棚的功能、结构和美学逻辑搭建的框架上，同时发挥发电、防雨和通风的作用。整个光伏发电每年可节约标准煤约300t，通过此种主动式绿色技术为体育场及地下配套车库等区域提供日常运行的部分电力，赋能城市绿色发展（图9.20）。

改造后的新工体将成为城市新的活力中心，需要具备多种类型、多种文体业态的管理与运营能力，从而满足各种体育文化需要，为北京释放更为开放和多元的发展势能。灯光希望通过"罩棚"这个展示面，使更多的人了解中国文化，展现工人体育场国际化、专业化的水准。结合建筑特征、流线分析、视点分析、亮度规划、色温规划等因素，设计了罩棚外观照明、内部照明及立面外檐照明、立柱照明、泛光照明等不同照明方式，并应用智能控制系统进行集中控制，可以根据需求带来艳丽的色彩及流畅的动态变化（图9.21）。

图9.20　罩棚通风金属导风翼及光伏发电

图9.21　罩棚泛光

（3）去"地下化"建筑，恢复空间开阔舒朗的平面格局

新工体将以"TOP+街区+Mall"的形式打造多个主题商业空间，充分利用地下空间，与城市轨道交通无缝连接，完善城市服务配套。新工体项目70%以上均为室外环境，同时69%建筑面积占比的活力空间位于地下。项目通过打造一张独特的地标名片，一种醒目的、气势恢宏的城市形象，巧妙地结合景观设计将现代简约、富有时间感、经典而包容的新工体呈现于世，使新工体整体融合，真正意义上实现了去"地下化"。文化重塑、体育激活、生活融入和自然感知与新工体交相辉映（图9.22）。

图9.22　多主题商业空间效果

新工体草坪处于地下二层，观众从地面首层上下分流组织，大幅降低垂直交通能耗，打造出工体低碳人流组织新模式。同时，体育场设置14部飞天大楼梯以及100余部电、扶梯，完全保障了人员疏散。工体设计中采用三维人流仿真模拟技术

（图9.23），实现了商业调蓄人流消纳、数字化模拟空间动线、优化工体特有大人流集散模式（图9.24）。

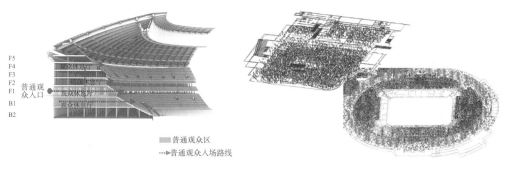

图9.23　三维人流仿真模拟

图9.24　北大厅人流实景

与此前四次较大的改造不同的是TOD模式的应用（图9.25），使空间更立体、多元、高效。北京地铁3号线和17号线直接加持，两线将交汇于新工体东北的"工人体育场"站，出入口巧妙地融入了地下综合体，实现城市轨道交通与周边地下停车、公共服务、商业服务等空间多层互连互通。亚洲杯赛事期间，大容量的轨道交通提供了高效、舒适的绿色出行选择，有利于快速纾解瞬时人流、缓解路面拥堵压力，让赛时交通更加便捷、更加低碳，助力全方位提升观赛体验。

新工体为了更好地运营服务，挑战"交通导向型"热活式商业模式（图9.26），建立传统与现代并存的艺术特色空间，通过开阔的核心公共空间，打造时空交互的舞台、工体荣耀的汇聚，烘托独具工体气质的入口体验。借助幕墙，将自由流动的立面线条刚柔并济，勾勒出轻盈自然的水滴广场，营造出聚合空间。天光从虚实相间的天花帷幕里渗透进室内中庭，营造出轻盈流动的梦幻天幕。

图9.25　TOD一体化剖面

图9.26　"交通导向型"热活式商业模式

新工体项目拥有约13万m^2的地上公共空间及项目南部的3万m^2湖区，规划建造世界级城市公园，并配备环保健身跑道等多种大众体育场地及健身设施。项目采用白灰色调的混凝土和石材与工体建筑进行对话，植物选择了单一的银杏品种，通过纯粹的色彩让人们感知时间的流转，铭记这个空间的存在。同时，老的雕塑和将军林也在这个空间中得到保留和展示，工体的重要事件被铭刻在工体建筑周围，这是一种让景观承载场地历史的方式。在功能空间方面，设计团队重新进行了梳理划分，将工体区域划分为五种不同类型的空间（中轴内环空间、沿街林下空间、洞口商业空间、大草坪空间、沿湖滨水空间），以满足不同规模和需求的活动使用。为了营造壮观的树林效果，建设团队选择了高度超过10m的银杏品种，形成气势恢宏的树阵。树木的分支点在2m以上，以确保人们的视线通畅，能够透过银杏林欣赏到工体的景观（图9.27）。

图9.27　景观绿化效果

（4）世界级场馆，一站式智慧服务

新工体项目将综合性体育场转变为国际一流的专业足球场，在办赛能力和观赛体验的同步提升基础上，设有VIP包厢层满足商务和私人会晤的全方位需求，更加符合国际豪门足球俱乐部的期待，吸引了更多国际级商业顶级赛事落地北京。新工体以更加多元、丰富的业态体验和复合配套功能来实现体育场馆乃至整个工体片区的可持续运营，提高了非赛时的利用价值，为首都经济发展注入了新的活力。新工体不仅会有零售、餐饮、娱乐等多元业态，同时还会引入策展式、沉浸式的体验项目以及数字互动娱乐项目。通过文化、体育、潮流和多元业态融合，引进国内外高端品牌首发首秀，成为集体育、购物、休闲、文化、娱乐等功能于一体的综合性消费载体、北京城市的打卡地（图9.28）。

在智慧服务层面，为工体观众提供了覆盖"入场前—场内—离场后"全流程的一站式服务体验，观众入场前即可在线上获取最新赛事资讯和场馆攻略，享受AI数字化工体虚拟人提供的导游和咨询服务；在场内可使用停车引导、智慧厕所、餐饮推荐等现场服务；离场后还可获得更具人性化的会员关怀、会员权益服务。此外，"智慧工体"还将引入自动驾驶安防巡逻和全景高清移动慢直播等5G+科技

图9.28 新工体球赛北广场实景

最新应用，全面提升观众体验。

在智慧管理层面，打造"智慧工体"基础设施及综合管理系统矩阵，为场馆平日常态运行监测、重大活动高峰人流实时指挥调度、内部办公协同提供全面支撑，实现"人、赛、场"深度融合的精细化运营管理（图9.29）。

图9.29 配套商业工体之门效果

草坪是专业足球场体育工艺最重要的内容，是决定赛事水平发挥和电视转播效果的关键因素。为确保亚洲杯成功举办，工体项目的草坪舍弃了之前惯用的天然草，转而使用目前在欧洲顶级联赛已成主流的锚固草技术。锚固草技术具备寿命长、渗水性能好、养护成本低、可承受高强度使用等优点，辅以地下通风系统、地下调温系统、自动喷灌系统、智能补光系统等高科技元素，该技术可打造出满足高水平国际足球赛事举办需求的草坪（图9.30）。

工体复建项目采用目前世界领先的声光电系统：

图9.30 体育场草坪

扩声系统：采用EV顶级线阵列产品X2系列，与卡塔尔世界杯选用同款产品。符合世界杯专业足球场的扩声系统要求，最大声压级达到105DBA。观众席扬声器18组，其中8组每组12台音箱，10组每组14台音箱，共计236台观众席全频扬声器，另外设计18台超低频音箱。场地扬声器6组，每组1台音箱，共计6台场地扬声器。

比赛照明系统：选用飞利浦专业比赛照明灯具，在满足世界杯、亚洲杯比赛照度要求的同时，也兼顾了国内中超比赛的照度要求以及训练等其他使用需求。比赛场地选用380套1400W LED灯具，观众席选用120套200W LED灯具和20套70W LED灯具，比赛场地安全照明选用8套900W LED灯具，观众席安全照明选用40套150W LED灯具。比赛照明灯具选用先进的DMX512协议灯具，具备瞬时启动功能，除了满足各等级比赛的照度需求外，还可以实现灯光秀效果。

LED端屏系统：新工体南北各设置P10端屏一块，显示尺寸为12.96m×23.04m，单块面积为298.60m^2。选用国内一线南京洛普产品压铸铝箱体，拼接快速安全，防护等级高。

LED环屏系统：新工体设置P16环屏两圈，共计显示面积约830m^2。其中上层环屏476.16m×0.8m，下层环屏448m×0.8m，北侧环屏108.8m×0.8m。选用国内一线青松产品，压铸铝箱体无缝拼接，转角柔顺，防护等级高。

体育展示灯光秀系统：为了烘托比赛气氛，新工体设置体育展示灯光秀系统，该系统通过先进的系统集成平台，将东侧马道设置的36台电脑灯与扩声、比赛照明、LED端屏、LED环屏系统集成联动，实现一键播控，满足了赛前暖场、中场调动气氛、运营展示等功能需求（图9.31）。

为了提升夏季炎热天气观众的看球体验，引入了冷雾降温系统，利用12台一

图9.31 体育场举办球赛声光电实景

体化冷雾机组，通过长度4500m不锈钢高压管，带动3000个专用冷雾防滴漏喷头，实现了工体场馆看台区3～8℃的快速降温效果。其原理是：利用微孔高压撞击式雾化技术，使水分子在瞬间分裂成亿万个直径为1～10μm的雾分子，达到气雾状，在周围3～8m的区域内进一步二次物化成直径为10～20μm的"细雾"，吸收空气中的热量，降低空气温度。置身其中，既有着潮润的感觉却不会轻易打湿衣物，细腻、自然、完美。结合座席布置，看台区共设置有5层冷雾降温区，降温区域覆盖了座席区60%以上的面积（图9.32）。

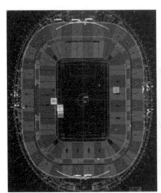

图9.32 体育场干雾降温系统

北京工人体育场的整体更新应用了海绵城市的理念，以适应环境变化，弹性地应对自然灾害。红线内设置10个收集区域和10处集水坑，通过管网筛滤、透水铺装和地表覆土等景观措施，以及南侧湖面的辅助利用，将自然途径与人工措施相结合，降雨时完成吸水、蓄水、渗水和净水的过程，需要时将蓄存的水"释放"并加以利用，可以抵抗50年一遇的水灾（图9.33）。

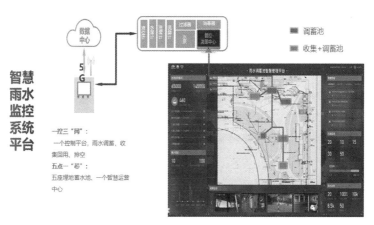

图 9.33　智能雨水控制系统

在确保城市排水防涝安全的前提下，最大限度地实现雨水在城市区域的积存、渗透和净化，促进雨水资源的利用和生态环境保护。南部保留了开阔的湖区，并对水岸进行了生态化设计。区别于简单的水岸硬化，生态水岸更富有弹性，可以在水岸不硬化的同时做到防洪蓄水，扩大湿地面积，保护生物多样性，也可满足市民的亲水需求。同时，项目将在水岸种植部分湿地植物，在提供宜人景观的同时起到涵养水土、净化水源的功效。

第二部分　工程创新实践

一、管理篇

1.组织机构

本工程作为北京市重点工程，在市委市政府的直接领导下采取社会资本与政府（PPP）联合体的形式成立项目管理公司，北京市重大工程建设办公室安排专班驻场主持日常工作。中赫置业集团、北京建工集团有限责任公司、华体集团有限公司强强联合充分发挥各自运营、施工、体育文化设施建设等强项，北京市总工会、北京市体育局及北京职工体育服务中心同样成立合同履约专班进行全周期工程建设实施与监督（图9.34）。

工程设计阶段，研究了纽约中央公园、伦敦奥林匹克公园、俄罗斯克拉斯诺达尔体育场、托特纳姆热刺体育场等与工体相似属性的项目案例，同步结合国内首批专业足球场进行设计方案制定。施工准备阶段，科学策划，多家比选，选拔了国内综合

- 北京市总工会
- 北京市体育局
- 北京职工体育服务中心
- 中赫置业集团
- 北京建工集团有限责任公司
- 华体集团有限公司

采取社会资本与政府（PPP）联合体的形式成立：
SPV项目管理公司——
中赫工体（北京）商业运营管理有限公司
施工单位——
北京建工集团有限责任公司

- 北京市第三建筑工程有限公司
- 中国应急管理大学（筹）
- 华为技术有限公司
- 腾讯计算机系统有限公司
- 北京市建筑设计研究院有限公司
- ……

总指挥部　　　　　　　　实施责任主体　　　　　　　咨询服务主体

图9.34　项目组织机构分布

实力较强的劳务公司及专业分包公司，对主要生产材料及主要设备构件多方调研，结合运距、口碑及综合造价进行比选。项目全体建设人员从开工伊始就确立了争创"全奖"的目标，成立了以业主为核心的质量保障体系、安全管理体系、智能建造创优体系，形成了全方位、全体人员、全过程的创优管理理念。施工过程中建立了由业主组织的设计–施工例会制度、由施工总承包组织的分包协调会、工程生产例会制度、由监理组织的监理例会以及重大办专班组织的工程专班例会制度，多管齐下，确保问题尽早解决，无条件保障现场施工有序进行。建设方在竣工验收前半年组织好运营团队，与监理方、总包方密切对接，顺利通过竣工验收并做好后续运营工作。

2.重大管理措施

项目制定了绿色建造科研计划，获得集团科研立项，与高校、设计院、专业分包签订科研合同（图9.35）；结合工程特点，围绕重点专业的绿色建造工作进行科研攻关，集思广益，挖掘创新点；通过思维导图的形式，将整个工程绿色建造科研计划进行系统梳理，开展工作思路清晰（图9.36）；定期与高校、设计院、专业分包开展绿色建造科研技术总结会，形成成果文件（图9.37）。

本项目绝大部分专业均进行二次深化设计，深化设计经总包单位审核通过后，由建设单位和原设计单位认可，方能展开施工。深化设计工作按如下原则进行：

（1）按照业主、设计和规范的要求确定其质量标准、档次，使之满足设计风格、建筑物所特有的使用功能要求。

（2）对板块类材料装修，比如玻璃幕墙、吸声板墙面、室内地砖、墙砖、石材等，结合现场实际空间情况，整体进行排版设计。

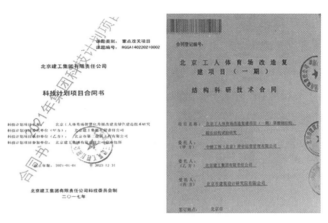

图 9.35　科研立项及合同签订

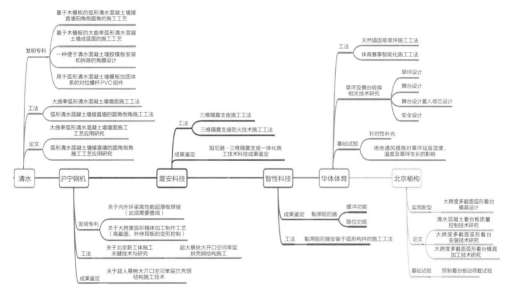

图 9.36　科研逻辑思维导图

图 9.37　参建单位科研过程会议

（3）室内精装修做到装饰装修与设备末端的布置协调美观，在装饰装修深化图纸中必须将设备末端综合排布。

（4）深化节点构造设计做到节点构造合理、美观，有利于避免质量通病的产生；交叉节点，比如外窗与外保温、砌筑与水电预埋管等，在交叉节点专业之间相互协调后再确定节点做法，避免出现返工和不交圈现象。

整个工程体系强调科技创新意识，对已有工艺进行革新，提高工效。强调每个人都是创新的主体，每个人都有创新的责任。创新不完全是前人没有之创新，别的行业有，别的单位有，引进过来也是创新。通过规划创新、实施创新、总结创新，通过全员创新、全方位创新、全过程创新，革新了传统工艺和习惯，引进了新型材料和专利技术，吸收了既有经验和成熟做法，起到了提高质量、加快进度、节省材料、降低成本、创造效益的目的。

3.技术创新激励机制

项目成立"双总工"机制，科研专职总工负责日常科研活动。定期召开科技质量培训，使项目成员养成科研创优意识，整个工程以BIM技术为抓手，全过程落地应用，提升工程科技含量，锻炼项目管理人员业务水平。

北京建工集团有限责任公司大力扶植"科技创效"项目，有健全的科技质量奖惩机制，每年定期组织科技质量进步奖、贡献奖的评审，并全程跟踪奖金发放情况，确保专项奖金发放到专业科技贡献者手里。同时与各专业分包开展劳动竞赛活动，完成相应目标节点，进行奖励，营造整个项目良好的创新激励机制（图9.38）。

北京建工集团有限责任公司文件

建科〔2022〕261号

北京建工集团有限责任公司
关于组织2022年科技质量奖评审工作的通知

各单位：
根据《北京建工集团科技质量奖励办法（A-2）》（建科〈2021〉203号)和《北京建工集团科技质量进步奖评审办法（A-1）》（建科〔2019〕292号）的要求，集团将于今年11月组织开展2022年集团科技质量奖申报评审工作。现将有关事项通知如下：

一、申报奖项类别

1.科技贡献奖

"科技贡献奖"是奖励对集团发展做出突出贡献，社会效益和经济效益显著，并获得政府设立或批准的省部级及以上科技

图9.38　集团公司科技质量奖励办法

二、技术篇

1.成果一：基于建筑垃圾零排放及再利用的大型体育场馆拆除关键技术与装备

1）关键技术成果产生的背景、原因

据住房和城乡建设部测算，2020年全国建筑垃圾产生量超过20亿t，占城市固体废弃物的40%以上。大量的建筑垃圾随意堆放得不到及时处理，导致大量土地占用，给人们的生活带来不便的同时，也污染了生态环境。一些地方更出现建筑垃圾"围城"现象，社会反响强烈，是影响城市高质量发展的重要问题。

随着国家对资源循环利用、环境保护、碳减排等方面的要求提高，国家及地方政府层面各项政策陆续出台。如2020年新《中华人民共和国固体废物污染环境防治法》新增5条8款，为建筑垃圾资源化产业发展提供了明确的上位法支撑；2021年《关于"十四五"大宗固体废弃物综合利用的指导意见》提出，到2025年，建筑垃圾综合利用能力显著提升；2021年《"十四五"循环经济发展规划》也提出，到2025年，建筑垃圾综合利用率达到60%的要求。

国家对建筑垃圾资源化处置行业在科技方面的重视和支持力度持续加强，2017年至2022年五次作为独立项目列入国家重点研发计划。分别为2017年《建筑垃圾资源化全产业链高效利用关键技术研究与应用》、2018年《建筑垃圾精准管控技术与示范》、2019年《城镇建筑垃圾智能精细分选与升级利用技术》、2020年《废弃混凝土砂粉再生利用关键技术》、2022年《城镇建筑垃圾体系化规模应用关键技术与示范》。

从建筑垃圾处置技术到再生产品应用，相关标准也陆续出台，主要有《建筑垃圾处理技术规范》《混凝土和砂浆用再生细骨料》《混凝土用再生粗骨料》和《再生骨料应用技术规程》等。

综上，我国在建筑垃圾政策体系构建、技术研发与推广、标准体系建设等方面虽然已取得一定进展，但仍存在混杂建筑垃圾难以有效分选、再生骨料品质偏低、应用困难等问题。本项目致力于总结出基于建筑垃圾零排放及再利用的拆除关键技术与装备，形成从建筑分类拆除、到基于精细化分选的破碎筛分再生骨料生产、再到功能化高值化再生产品制备及应用的成套技术。通过加强施工过程中各个环节的管控，为今后同类型的大型建筑拆除及建筑垃圾资源化利用提供施工依据和指导（图9.39）。

图9.39　我国建筑垃圾现状

2）本技术对应的难点、特点

随着国家经济和发展进入新阶段，一批早期建设的城市核心区标志性建筑物也逐步接近或已经超过设计使用年限，面临结构安全隐患和功能不足等多重问题。大型体育场馆类建筑主要包括主场馆和其他配套用房两部分，其中主场馆一般由主体结构、钢结构、灯架、看台及座椅、管线及其他附属设施组成，而配套用房一般为框架结构或砖混结构的小型建筑。以北京工人体育场为研究对象，解决在城市核心区建筑拆除施工的难题。在保证拆除施工安全的基础上，最大可能地减小施工噪声及扬尘对周围环境的影响，对历史记忆构件进行保护性拆除，同时进行分类拆除，将拆除所产生的建筑垃圾按类别进行资源化再生利用，达到建筑垃圾零排放，使新老工体相融合，延续首都人民的工体记忆，具有良好的推广应用价值（图9.40）。

图9.40　老工体拆除实景

3）本工程中采用的措施方法

依托于北京工人体育场拆除工程，总结出一套基于建筑拆除后建筑垃圾"零排放"的分类处置与再利用技术路线，分别对高混杂、低混杂砖瓦类和高强度、低强度混凝土类垃圾进行再生处理，并为分类再利用提供条件。针对主体结构及配楼短期大量集中产出成分复杂的砖瓦类垃圾，创新性研发了精细化负压风选装备，实现了轻质杂物分选效率达98.5%以上；提出并应用了综合处置成套技术与装备，实现了垃圾资源化率95%以上、再生骨料含杂率低于0.3%。针对主体结构产生的混凝土类垃圾，以经济高效为原则，率先研发并应用了模块化处置技术与装备；以小型化与模块化设计实现了模块化处置装备的快速转场和达产，各模块可直接起吊装车并满足公路运输条件，安装调试工期小于15d。

基于各类别再生材料性能特性，提出了面向北京工人体育场周边水体净化、基坑与肥槽回填、场地铺装、二次结构、周边道路等多场景需求的再生产品体系化开发与应用技术。利用砖瓦类再生骨料高吸附性能，开展对天然净水材料的替代研究，实现了净化后水体水质维持在Ⅳ类及以上。针对冗余土产量大、性状不稳定造成的资源化利用困难，进行了固化剂体系和流态回填材料的研究，开发出面向工程应用的系列产品，并成功应用于北京工人体育场复建中。对混凝土类再生骨料开展按强度分类的高附加值利用研究，改变目前粗放的一并式低规格应用方式。针对混杂类再生骨料成分复杂、均一性差等问题，分别进行了水泥稳定再生无机混合料和石灰粉煤灰稳定再生无机混合料的制备研究，并进行了示范工程的应用评价分析。

基于北京工人体育场分类拆除后建筑垃圾再生处理后的各类再生材料的性能分析，结合后续复建需求，进行了基于各类别再生材料特点的再生产品开发与研究。从砖瓦类再生骨料多孔隙特征出发，研究其替代石灰石、火山岩、沸石等水处理滤料的可行性；以冗余土为原料，研发制备多个强度的新型流态回填材料产品；按混凝土类再生骨料强度，分别进行制备透水砖和连锁砌块的研究；对难利用混杂类再生骨料，拓展了其在道路用再生无机混合料中的应用。不仅实现了北京工人体育场建筑垃圾的"零排放"，还取得了良好的经济效益。同时北京工人体育场拆除工程将产生的建筑垃圾按其特征分类为：高混杂砖瓦类、低混杂砖瓦类、高强度混凝土类和低强度混凝土类，结合后续复建工程需求，提出了基于分类处置与再利用的建筑垃圾零排放技术路线。研发了针对砖瓦类的综合处置成套技术与装备、针对混凝土类的模块化处置技术与装备，并形成了相应的建筑垃圾处置模式，实现了建筑垃圾转化为合格再生材料的生产，为后续再生产品的研发提供了基础（图9.41、图9.42）。

4）社会、环境和经济效益分析

（1）社会效益

施工中始终坚持绿色建造政策，通过对北京工人体育场拆除工程建筑垃圾"零排放"与再利用技术的研究，全方位实现节能、节地、节水、节材和环境保护。最大限度地节约资源，大大减少了对环境产生的负面影响。建筑垃圾分类资源化处置

图9.41　资源化处置流水线

图9.42　资源化处置再生产品

可将固体废物转化为合格建材，并代替或部分代替天然材料，有效减少碳排放，在节材、环境保护方面取得了可观的效益。

另外，建筑垃圾综合处置成套技术和模块化处置技术也获得诸多荣誉和良好的社会效益，在建筑垃圾消纳回收领域起到了良好的推动作用。

（2）环境效益

北京工人体育场拆除工程建筑垃圾零排放与再利用技术可实现建筑垃圾的减量化、资源化处置，并且"变废为宝"，生产的再生骨料可替代或部分替代天然砂石，并用于生产各类再生建材产品。具体表现在以下几个方面：

①有效改善建筑垃圾堆存、填埋带来的占用土地、污染空气和地下水等环境问题。

②生产的再生材料可替代天然砂石，从而减少了天然砂石料的生产污染，也降低了资源消耗。

③生产再生产品应用于工程建设，降低了建设中的碳排放。简单估算，每吨建筑垃圾的碳减排量不少于51.94kg二氧化碳。基于北京工人体育场项目的实施情况，估算如下：

应用该技术前，因建筑垃圾中可燃物含量低，需外运至填埋场处置，同时需采购天然砂石料制备建材产品；采用本技术后，建筑垃圾运往朝阳区东坝建筑垃圾资源化处置临时设施进行资源化处置，生产的再生骨料可用于各类再生产品的制备，资源化率可达95%以上，剩余少量轻质杂物组分多为木质、塑料等高热值成分，可送往周边的生活垃圾焚烧厂用于发电。因此：每吨建筑垃圾的碳减排量=（100%×填埋处置碳排放量+95%×每吨天然砂石生产碳排放量）-（100%×资源化处置碳排放量+5%×每吨轻质杂物焚烧碳排放量）。

填埋处置碳排放量=运输碳排放量+填埋机械碳排放量+填埋气碳排放量=100km×0.04L/（km·t）×2.621kg二氧化碳/L+0.4L/t×2.621kg二氧化碳/L+29.736kg二氧化碳/t=41.27kg二氧化碳/t（参照《省级温室气体清单编制指南》计算）。

每吨天然砂石生产碳排放量=运输碳排放量+开采及加工碳排放量=100km×0.04L/（km·t）×2.621kg二氧化碳/L+12.5kWh/t×0.581kg二氧化碳/kWh=17.75kg二氧化碳/t。

资源化处置碳排放量=运输碳排放量+设备电耗碳排放量+机械油耗碳排放量=20km×0.04L/（km·t）×2.621kg二氧化碳/L+4kWh/t×0.581kg二氧化碳/kWh+0.65L/t×2.621kg二氧化碳/L=6.12kg二氧化碳/t。

吨轻质杂物焚烧碳排放量=运输碳排放量+焚烧发电碳减排量=3km×0.04L/（km·t）×2.621kg二氧化碳/L+0=0.31kg二氧化碳/t（根据《基于项目的温室气体减排量评估技术规范 生活垃圾焚烧发电项目》T/CAPID 004—2022，轻质杂物焚烧减碳表现在该部分垃圾填埋处置厌氧产生甲烷和轻质杂物焚烧发电代替煤发电，其中填埋处置的碳排放已在应用本技术前计算过，而考虑到垃圾焚烧发电能源效率低于煤电，因此本计算中暂不考虑其焚烧碳减排）。

每吨建筑垃圾的碳减排量=（100%×41.27kg二氧化碳/t+95%×17.75kg二氧化碳/t）-（100%×6.13kg二氧化碳/t+5%×1.26kg二氧化碳/t）=51.94kg二氧化碳/t。

（3）经济效益

与传统的建筑垃圾填埋处置和仅少量混凝土类破碎-筛分后再利用相比，基于建筑垃圾"零排放"的分类处置技术可实现全部建筑垃圾的高资源化率回收再利用，综合计算建筑垃圾处置费用对比详见表9.1～表9.3。

建筑垃圾处置费用　　　　　　　　　　　　　表9.1

建筑垃圾分类	处置方式	处置量（t）	处置费（元/t）	运输费（元/t）	消纳费（万元）
高强度混凝土类	外运	5200	5	20	13.00
低强度混凝土类	就地	6000	5	0	3.00
低强度混凝土类	外运	5600	5	20	14.00
高含杂砖瓦类	外运	26460	45	20	171.99
低含杂砖瓦类	外运	28000	45	20	182.00
小计	—	71260	—	—	383.99

再生产品利用收益　　　　　　　　　　　　　表9.2

再生材料	产量（t）	制备再生产品	产量	单位利润（元）	总利润（万元）
砖瓦类	2000	净水滤料	0.20万t	10.00	2.00
砖瓦混杂类	36199	无机混合料	4.83万t	7.67	37.02
高强度混凝土类	5200	透水砖	3.30万m^2	4.55	15.00
低强度混凝土类	5600	连锁砌块	0.71万m^3	17.25	12.16
冗余土	13538	流态回填材料	1.00万m^3	20.00	20.06
小计	62537	—	—	—	86.24

建筑垃圾处置方式效益对比分析　　　　　　　表9.3

建筑垃圾消纳方式	不做分类处置，全部填埋	仅对混凝土类建筑垃圾做分类	建筑垃圾"零排放"分类处置
项目拆除施工产生建筑垃圾的消纳费用	71260t建筑垃圾，填埋消纳费按200元/t计算，合计需约1425万元	其中16800t混凝土类建筑垃圾按处置费5元/t、运费20元/t计算，其他建筑垃圾填埋消纳费按200元/t计算，合计需约1131万元	其中6000t混凝土类建筑垃圾做就地处置，处置费按5元/t计算；其他建筑垃圾外运处置，混凝土类处置费5元/t、砖瓦类处置费45元/t，运费均为20元/t，合计需约384万元
项目建设回用	—	—	就地处置生产的混凝土类再生骨料可替代外购砂石料用于场地填垫，节约费用约30万元
建筑垃圾资源化处置收益	—	16800t混凝土类建筑垃圾按全部生产为再生骨料，利润按25元/t计算，总利润约42万元	砖瓦类再生骨料制备净水滤料，目前属于较新技术，利润按10元/t计算；混杂类再生骨料制备道路用再生无机混合料，利润按10元/t计算；高强度混凝土类再生骨料生产透水砖，利润按30元/t计算；低强度混凝土类再生骨料生产连锁砌块，利润按20元/t计算；冗余土用于生产流态回填材料，利润按15元/t计算；合计利润约85万元
整体计算经济效益	−1425万元	−1089万元	−269万元

综上，采用"零排放"分类资源化处置技术，不仅可减少施工单位的消纳费用，若考虑再生产品销售，还可实现整体盈利。

5）技术先进性

以北京为例，地标建筑以中华人民共和国成立初期"十大建筑"为代表，承载了时代记忆，如华侨大厦等部分建筑已经进行了拆除重建。1978年前累计竣工住宅建筑面积约2700万m² [①]。以建筑生命周期50年计，此部分将逐步进入更新阶段。与西方发达国家不同，由于人口快速向城市集中，对城市建设的更新需求更为急迫，特别是以北京工人体育场为代表的达到或接近设计年限的建筑。一方面基于经济性考虑，在拆除现场进行精细化的分类比较困难，短期大量产生的建筑垃圾需要及时外运、高效处置。另一方面随着对生态环境保护意识的增强，尽量提升建筑垃圾资源化率也成为行业发展的共识。综上，如何实现建筑垃圾零排放及再利用，成为贯彻与落实国家"十四五"发展规划城市更新政策中亟待解决的问题，且国内外尚无相似案例参考，也无类似技术借鉴。本技术以北京工人体育场为例，对上述问题进行了积极探索，并取得了显著成效，可为今后类似工程的实施提供经验。

本技术从大型场馆主要结构组成与混凝土强度出发，提出了适度的现场分类拆除技术，在满足记忆性构件保护需求与保障城市核心区安全环保要求的同时，尽量降低建筑垃圾处置成本；提出了基于建筑垃圾组分与复建需求的零排放与再利用技术路线，研发了适于混杂砖瓦类的综合处置成套技术和适于较纯净混凝土类的模块化处置技术；进行了面向多应用场景的再生产品设计、制备和应用研究，实现了基于各类别再生骨料性能特点的高附加值再利用。该套技术涉及城市核心区建筑拆除、建筑垃圾资源化处置、再生产品应用等多个环节，可整体进行类似工程的技术推广。同时在各个环节上，也可根据项目的实际情况和场景需求进行应用，比如针对区域拆除产生的建筑垃圾的综合处置、针对大体量混凝土结构拆除或堆填场治理的现场模块化处置、施工项目中各类型再生产品的应用等。

目前，该技术中的建筑垃圾资源化处置技术已应用于北京、上海、河北等10余个项目，年设计处置能力超1000万t，建筑垃圾资源化率达95%以上。未来，随着国家和社会对循环经济、资源节约、生态环保、"双碳"目标等方面的重视，建筑垃圾资源化处置行业也将迎来新的发展机遇，本技术研究成果也会有更大的推广空间（图9.43）。

[①] 1949—2013年北京市住宅建筑物质流分析[J].建筑工程技术与设计，2015（15）：1647-1649.

| 朝阳区东坝建筑垃圾资源化处置临时设施 | 建筑垃圾综合处置 | 建筑垃圾小型模块化处置 |

| 0～5mm
砖瓦类再生骨料 | 5～10mm
砖瓦类再生骨料 | 10～20mm
砖瓦类再生骨料 | 20～31.5mm
砖瓦类再生骨料 | 再生骨料粒度组成试验 |

图9.43　资源化处置效果

2.成果二：密实砂卵石层水泥土复合管桩施工技术

1）关键技术成果产生的背景、原因

随着我国经济、社会持续快速发展及城市化进程加快，给地基基础技术发展带来了新机遇和新需求，同时也带来了新挑战和新问题。城市建设中建设用地紧张的矛盾日益凸显，高层建筑越来越多，对地基基础承载力及变形控制的要求越来越高；在大面积软土等不良地基土地区建设建筑物向地基处理技术发出了新挑战；随着地下空间的开发利用导致基础面积越来越大，基础埋置深度越来越深，周边环境越来越复杂，基坑开挖对周边环境的影响日渐突出；建筑物对资源的消耗越来越大，资源的不可再生与可持续发展和建设节约型社会的矛盾日益突出；城市密集区城市更新项目与城市核心区建设场地狭小和城市建设污染控制的矛盾日渐突出；传统的地基基础施工工艺对环境的污染，以及施工对周边环境造成的损害，与建设环境友好型社会的矛盾日益凸显。解决上述问题都需要在地基基础领域进行持续的技术创新。

水泥土复合管桩是近几年发展起来的一项新技术，最初是为解决软土地基基底处理的一种形式提出，其由外围高压喷射搅拌的水泥土桩与同心植入的预应力高强混凝土管桩通过尺寸、材料强度优化匹配复合而成。水泥土复合管桩是由混凝土芯桩和外围同心的水泥土环构成，即在混凝土桩外围有一定厚度的水泥土环，二者结合在一起，借助混凝土桩的刚度将荷载传到深部土层，借助水泥土环，将侧摩阻力传到桩周围土体，如图9.44所示。

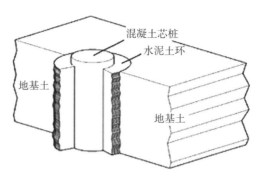

图9.44　水泥土复合管桩构造

与灌注桩相比，水泥土复合管桩侧摩阻力有一定程度的提高，可减少工程量、节约工期，经计算，相同设计承载力的水泥土复合桩与灌注桩相比，其所需的有效桩长小，在相同荷载作用下，采用桩底抗拔装置可减小约5%上拔量；经检测，桩顶预留套筒后锚固钢筋连接承载力能够满足设计承载力要求，桩顶预留承载力能够满足设计承载力要求。该水泥土复合管桩无需采用商品混凝土，无需进行桩头剔凿，缩短了工期；减少材料消耗，能够解决城市核心区混凝土难以持续供应的问题；并且提高了桩间土清理效率，节能环保（图9.45）。

（a）钻进成孔　　　　（b）提升喷浆　　　　（c）植入管桩　　　（d）管桩同心度偏差控制

图9.45　水泥土复合管桩施工流程

2）本技术对应的难点、特点

城市核心区经常发生交通管制和交通拥堵，商品混凝土的运输受到限制，难以保证工程桩的连续浇筑。同时灌注桩施工产生的噪声在140dB以上，远超城市区域环境噪声标准。当采用水泥土复合管桩在城市密实砂卵石层施工时，会碰到卵石、砂砾等较大颗粒，水泥土搅拌桩（外桩）的强度会受到影响。水泥土复合管桩施工方法是根据现场实际，在密实砂卵石层旋喷形成直径较大、混合均匀、强度较高的水泥土桩，水泥土桩完成后，在桩内同心静力压桩植入预制芯桩，形成水泥土复合管桩，解决了在城市核心区桩基施工的难题。在保证桩基承载力的基础上，管桩桩身抗腐蚀效果好、施工工效高、造价低、绿色环保，符合国家大力倡导的绿色装配式建筑发展趋势，具有良好的推广应用价值。适用于商品混凝土连续浇筑受限的密实、粒径≤100mm的砂卵石层等芯、短芯复合管桩施工。

3）本工程中采用的措施方法

北京工人体育场改造复建项目（一期）位于北京市朝阳区三里屯街道，紧邻使馆区，环保要求高。复建后的工人体育场总建筑面积为38.5万m²，建筑用地面积为14.7万m²；由主场馆区及周边配套区组成，主场馆区地下2层，基础埋深约14.5m，周边配套区地下3层，基础埋深约20m；该项目采用钻孔灌注桩，共7种桩型，约1.6万余根，大约需要8.6万m³混凝土，其中H3型桩大约8000余根。具体参数见表9.4和图9.46。

钻孔灌注桩设计参数　　　　　　　　　　　　　表9.4

桩型编号	桩径（mm）	混凝土强度等级	有效桩长（m）	单桩竖向抗压承载力特征值（kN）	单桩竖向抗拔承载力特征值（kN）
H1	600	C40	11.3	—	500
H2	600	C40	15.2	1500	700
H3	600	C40	17.2	1450	800
H4	800	C40	22.0	4650	1500
H5	800	C40	26.8	5650	1500
H6	1000	C40	11.2	4000	1700
H7	1000	C40	28.0	9100	5300

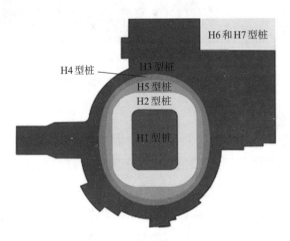

图9.46　工体灌注桩分布

本项目部通过沟通业主方和设计方，提出使用水泥土复合管桩替换部分H3型钻孔灌注桩的方案（图9.47）。通过试桩试验，在保证承载力的同时，确定水泥土复合管桩的各项设计参数。试桩试验结果显示，相较于同设备条件下的灌注桩，节约工期35%、成本23%，桩基检测试验结果显示，1类桩达到100%。项目部利用此技术，有效地解决了城市核心区桩基施工难的问题，并且缩短了施工工期，降低了施工成本，取得了良好的经济、社会和环保效益。

图9.47   工体水泥土复合管桩

4）社会、环境和经济效益分析

（1）社会效益

施工中始终坚持"四节一环保"政策，通过对北京工人体育场水泥土复合桩技术的研究，实现节能、节地、节水、节材和环境保护。最大限度地节约资源，大大减少了对环境产生的负面影响。预制芯桩减少了预拌混凝土的使用，静力压桩施工降低了施工噪声，装配式施工绿色环保，施工过程中能有效减少碳排放，在节材、环境保护方面取得了可观的效益。

（2）环境效益

相较于普通的灌注桩和预制桩，复合桩施工时对周围环境影响很小，表现在以下几方面：

①泥浆排放少

对于泥浆护壁钻孔灌注桩，需要利用大量的泥浆来维持孔壁稳定，这些泥浆的排放会对环境造成不利影响，同时，消耗大量淡水，浪费了资源。水泥土复合桩施工是直接利用原状土形成水泥土桩，无需进行泥浆护壁，节约了大量资源。

②弃土量少

目前，灌注桩的施工绝大部分采用取土工艺，即置换出孔内土后灌注混凝土，如螺旋钻取土、旋挖钻机取土、人工取土等，都有大量弃土外运问题，弃土的外运和堆放影响环境。复合桩施工是将地基土原位搅拌，弃土外运和消纳少。

③挤土效应低

传统的压入预制桩，常常由于沉桩过程的挤土效应造成既有桩隆起、倾斜偏位，甚至造成周围环境破坏。相较于传统的预制桩施工，复合桩施工时挤土效应降低，一方面原因是水泥土搅拌过程使原状土结构破坏，应力释放；另一方面，预制桩是在水泥土凝固之前压入的，流塑状的水泥土由于强度很低，大大减小了对桩周围原状土的影响，可减小甚至消除挤土效应对周围环境的不利影响。

④节约钢筋混凝土

在相同承载力下，复合桩的混凝土用量仅为常规混凝土灌注桩的30%左右，可节约大量的砂、石和水泥，利于环境保护。同时无混凝土、钢筋等现场加工材料的损耗浪费，节能降耗。

⑤无噪声及焊接污染

芯桩采用静力压桩技术，利用桩体自身重量及在大型重力设备配合下，将桩体压入土壤内部。施工时无噪声、无振动、无污染，对周围环境的干扰小，适用于城市核心区等对环境质量要求高的地区。预制管桩在工厂生产加工，施工现场无需进行钢筋笼加工，无焊接作业，没有焊接污染。

（3）经济效益分析

相同承载力的灌注桩或预制桩与水泥土复合桩相比，水泥土复合桩就有显著的经济效益。

①单桩的承载力高，同等承载力要求下桩长小

复合桩的侧摩阻力是从水泥土外围发挥，且水泥土桩的侧摩阻力发挥值较混凝土高20%左右，这样可以较大幅度提高单桩承载力，而且同等承载力要求下水泥土复合管桩相较于灌注桩桩长小。同时，由于桩长小，施工周期短，可减少资金和应用成本。因此，复合桩可综合降低桩基础工程造价。水泥土复合管桩施工实现了引孔植桩流水化施工，工效高于灌注桩施工工艺，在同等设备数量的情况下，可节约工期35%。

②避免截桩头

常规的预制桩施工，常常出现部分桩不能沉到设计要求深度的情况，造成截桩和材料浪费，对于复合桩，水泥土施工相当于对地层的检验，能确定持力层的准确

位置，可按实际长度配置预制桩的长度，避免截桩。

③复合桩与灌注桩单价对比

复合桩与灌注桩单价对比见表9.5。

复合桩与灌注桩单价对比（单位：元）　　　　　表9.5

序号	项目		复合管桩	灌注桩
1	综合单价	人工费	851.88	3332.89
2		材料费	8207.24	8704.36
3		机械费	2041.35	2521.17
4		企业管理费	774.80	1566.43
5		利润	831.29	1128.78
6	单根价格		12706.56	17253.63

5）技术的先进性

本技术拓宽了复合桩的适用范围，基于其工程造价低、质量稳定和对环境友善的优点，能够在京津冀地区城市核心区工程中得到快速发展。

同时可向海外工程推广，海外工程有相应的技术标准和要求，通用的如美标、欧标，不同的国家和地区采用的标准不同。对于桩来说，混凝土质量和桩的检测是必须满足技术标准要求的。对于复合桩，由于具有以上优点，在海外项目一定有很好的应用前景，且相对容易达到海外工程技术标准要求。具体可按项目当地认可的混凝土技术标准，在国内进行预制桩加工生产，通过陆路或海路运到相关国家，按当地的质量要求进行复检。水泥土桩可采用当地认可的水泥，使材料检测问题简化，再采用目前成功的水泥土桩施工方法进行施工，避免了灌注桩施工需在当地加工钢筋笼、混凝土检测等问题以及泥浆排放涉及的环保问题，质量有保证，检测环节少，施工速度快。施工过程中若受当地过多的约束，很容易引起地基基础工程事故。因此，复合桩从保证质量、施工速度和经济性等方面都非常适合在海外地基基础工程项目中应用。该桩型必将成为我国地基基础行业走向世界的一张闪亮名片，服务一带一路项目，服务世界土木工程。

3.成果三：清水混凝土弧形墙模板自动化制作与施工技术

1）关键技术成果产生的背景、原因

在清水混凝土建筑中，建筑造型复杂多样，建筑表面无需装饰，为满足建筑的观感需求，要求完成面与结构一次成型，构件的几何尺寸精确，禅缝和螺栓孔位置要求准确。近年来，清水混凝土工艺越来越受到业主和设计人员的青睐，清水建筑本身就是一种绿色建筑，能够体现出建筑本体的力量感、质朴感。传统的施工工艺，在清水混凝土模板单元的制作与安装施工中误差较大、效率较低，清水混凝土的表观效果差，容易出现漏浆，无法满足清水混凝土的质量要求。随着现代技术的不断更新，特别是针对弧形、双曲面等异形构件的施工，模板制作采取了自动化制作，确保了施工精度和加工效率。

2）本技术对应的难点、特点

本技术充分采用BIM模型进行模板配模，根据配模图纸编译模板加工程序，利用数控机床和工业化机器人对模板进行自动化精细加工，配合精准定位安装技术，实现模板自动化加工制作与清水混凝土弧形墙体精细化施工。BIM建模的精度与模板加工的适配是关键，整体施工是一套成熟的管理流程，重点在于前期确保BIM建模与模板深化图无误，后期模板加工仅需导入计算机，自动进行模板加工。在模板加工方面摒弃了传统的木工，采用壮工即可。

3）本工程中采用的措施方法

北京工人体育场改造复建项目地下3层、地上6层。针对清水混凝土构件先建立BIM信息模型，优化复杂节点模板单元，确定清水混凝土构件表面的几何尺寸及形状，然后将构件展开，依据设计要求深化禅缝、螺栓孔、明缝、滴水线等细部构造，再根据深化图纸利用自动化精细制作技术加工模板单元，最后按照要求将加工好的模板单元运送至施工现场进行模板安装，并按照清水混凝土施工要求进行模板的验收以及混凝土的浇筑（图9.48、图9.49）。

针对清水混凝土弧形墙体施工利用BIM模型进行模板深化，定位墙体水平和竖向钢筋位置以规避螺栓孔，避免钢筋与螺栓孔发生碰撞；编译加工程序，采用自动化数控加工方式裁割模板，将模板加工精度提升至毫米级，精准复刻构件几何尺寸，保证清水混凝土模板单元几何尺寸的准确以及单元安装的严密性，进而控制

图9.48 模板搬运机械臂及数控机床

图9.49　异形模板现场加工

清水混凝土构件的质量。通过对混凝土配合比、骨料、水泥、外加剂严格管控，保证配合比相同，骨料、水泥、外加剂同批次同规格，确保不同部位的清水混凝土墙体呈现的观感效果一致，保证清水混凝土建筑的质量。在清水混凝土模板单元周转使用过程中，应用同类型模板单元可替代原理，进行材料的周转使用，从源头上节约材料和人工成本。

4）社会、环境和经济效益分析

（1）本工艺应用了BIM建模技术，真正将数字化信息的理念与土建施工相结合，预判施工中易发生的问题，精准地确定了构件表面的几何尺寸和几何形状，解决了清水混凝土复杂结构几何形状尺寸难以确定的问题，为清水混凝土模板深化提供依据，保证了清水混凝土模板单元拼装的严密性，浇筑混凝土的过程中不会出现漏浆；在清水混凝土单元模板的加工环节，利用数控自动化加工技术，将加工精度提高至毫米级，解决了清水混凝土弧形墙体模板加工难度高、效率低、清水混凝土表观效果差的难题。

（2）通过清水混凝土模板单元精细化的制作，建筑实体的几何形状和尺寸得到了精准的把控，禅缝和螺栓孔也完全符合设计要求，构件表面的平整度也得到了精确的控制，并且通过深化清水混凝土模板，提前确定水平和竖向钢筋位置，避开清水混凝土弧形墙体螺栓孔，解决了墙体钢筋与螺栓孔碰撞漏筋的质量问题，确保了清水混凝土墙体螺栓孔的成型效果。

（3）数控机床加工模板会产生大量粉尘，对操作人员身体健康会产生很大的影响，改进施工工艺后，使用机器人代替人工作业，整个加工流程无人工作业，极大地避免了工人发生职业病的可能性；在模板加工过程中使用机器人代替人工搬运模板，达到整个加工流程机械化的目的，与传统模板加工或单一使用数控机床加工模板相比，大大降低了人工参与模板加工时发生安全事故的概率。

（4）本工艺中清水混凝土模板加工的全过程都在后台进行，避免了传统工艺中现场加工模板造成的木屑飞扬，避免了环境污染；同时数控机床和工业化机器人作业过程均在木工加工棚内，有效地控制了加工过程噪声的传播，避免了噪声污染。

（5）在清水混凝土模板单元加工环节进行材料损耗率计算，当损耗率不符合要求时，对清水混凝土模板单元加工排版进行重新优化，直到将材料损耗率降至标准之下，体现了绿色施工的理念。

（6）加工区实测数据体现，传统施工中加工一块清水模板需要分成两步，首先切割模板边缘，然后定位螺栓孔的位置进行钻孔，再加上材料准备和成品搬运大致需要8min，使用机器人辅助模板数控加工技术后，加工20张清水模板仅需要45min，而且保证了成品模板安放到位，消耗在每张模板上的时间仅为2.25min，工作效率提升了355.56%，在加工环节极大程度地降低了人工成本，保证了清水混凝土施工质量，缩短了工期。

（7）通过对混凝土配合比、骨料、水泥、外加剂等变量严格管控，保证配合比相同，骨料、水泥、外加剂同批次同规格，确保不同部位的清水混凝土墙体呈现的观感效果一致，保证了清水混凝土建筑的质量。

5）技术的先进性

自动化生产线作为一种新兴清水混凝土模板加工方法，主要以精确度高和效率高著称，可应用于普通清水混凝土建筑、饰面清水混凝土建筑以及装饰清水混凝土建筑中，因为加工程序是依据深化图纸进行编译，本技术本身不受限于建筑结构形式的复杂性，所以本施工工艺适用于结构复杂型建筑。本技术结合行业先进的数控加工技术，率先将工业机器人引进施工现场，在施工环节中大大提高了加工效率，降低了操作人员发生机械伤害的概率，同时避免了因为加工造成的环境污染，从根本上拟合了建筑业智能建造和绿色建造的发展方向，也进一步推动了建筑业土建施工向工厂化施工的转型，迎合了国家建筑施工行业发展的大方向。

4.成果四：大跨度高位隔震单层拱壳建造关键技术研究与应用

1）关键技术成果产生的背景、原因

北京工人体育场是中华人民共和国成立后建设的第一个大型体育建筑，标志着中国体育从此翻开了新的篇章，60多年来，见证了北京乃至新中国体育文化事业的蓬勃发展，复建工作旨在保留群众对于老工人体育场的城市记忆，打造国际一流专业足球场。老工体罩棚不能全覆盖整个体育场，奥运会前整个场馆无抗震设防要求，建设初期作为亚洲杯主赛场，是社会各界目光的聚焦点，因此对于新工体的钢结构罩棚提出了更多要求。

本技术结合国内外大跨度空间网壳结构建造技术现状，拟通过方案比选、数值模拟、低温焊接试验、专家论证等措施，在总结大跨度空间拱壳结构建造经验的基础上，研发一种新型大跨度高位隔震单层拱壳结构建造技术，使其结构设计方法合理、施工过程安全可靠，以保证项目高标准、高效率地安全实施。通过加强施工过程中各个环节的管控，打造精品工程，体现庄重、简练、挺拔的形象，为今后同类型的大跨度高位隔震单层网壳结构建造技术提供可参考借鉴的范例，推动大跨钢结构行业的精细化发展，推动我国足球事业的发展。

2）本技术对应的难点、特点

本技术基于一种新型大跨度高位隔震单层拱壳结构形式，包括三维摩擦摆隔震支座、外受拉环梁、内受压环桁架、主拱肋、次梁及内悬挑钢梁等，需要整体分析结构受力情况的变化。

屋盖外环梁和下部混凝土结构之间设置隔震层，隔震层由三维摩擦摆隔震支座和黏滞阻尼器组成，可释放温度作用产生的内力，同时降低地震作用对下部看台结构的影响。需要对隔震支座在静力工况、风荷载工况等方面进行全面分析；针对高位隔震结构的特点，考虑上部拱壳与下部混凝土结构之间的相互作用，综合采用多种计算模型，研究高位隔震对结构整体性能的影响。

本工程弧形箱梁存在着超重、超高、超长、易变形等特点，空间弧形箱梁跨度大、腹板高、翼缘窄，需要进行二次深化设计，通过采取零件矫平工艺、优化焊接坡口形式、焊接反变形、优化组装顺序等一系列工艺措施精准控制弧形箱梁的制造精度。同时，本工程施工周期仅为3个月，完全贯穿整个冬季，且含有大量的460GJC钢材，需要进行超厚板低温环境下多层多道焊接组织演变全过程模拟，卸载时，不仅要考虑拱壳整体卸载，还进行三维摩擦摆隔震支座卸载时关键部位应力、变形全过程监测和支座预偏、卸载滑移的精准控制。

3）本工程中采用的措施方法

北京工人体育场屋顶罩棚钢结构为大开口空间单层拱壳钢结构，结构平面长轴为270m，短轴为205m，最大悬挑跨度约74m。拱顶标高为46.000m，拱底标高为25.290m，在拱壳的顶部留有125m长、85m宽的矩形洞口。拱壳罩棚结构体系包括隔震支座、外受拉环梁、内受压环桁架、拱肋、次梁及内悬挑钢梁等。外受拉环梁位于看台顶部的混凝土柱顶，并通过隔震支座与混凝土柱顶埋件连接，受拉环梁为弧形箱形构件；受压环桁架为倒三角形桁架，由两根箱形内环梁（上弦）和圆管下弦杆、圆管腹杆组成，桁架高度为11m，宽为8～12m；主拱肋为变高度弧形箱形梁，两端分别连接受拉环和受压环；主拱肋之间设置箱形屋面次梁。

通过时程分析方法对隔震效果进行了分析，并对隔震层进行了抗风掀、温度与地震作用下的验算。根据验算结果，隔震层的支座面压、抗风掀、抗风滑移、抗温度滑移等性能均可满足设计需求。黏滞阻尼器滞回曲线饱满，耗能效果好，可有效减小隔震层水平变形。计算结果显示，通过采用隔震处理，上部拱壳的水平地震作用减少80%，拱壳主要构件最大轴力减少约97%，荷载作用显著降低，构件内力大幅度减小，可以实现"按设防烈度降低一度设计"的隔震设计目标，有利于减小截面尺寸，节省用钢量，具有显著的经济效益与社会效益。

罩棚构件均采用高瘦型箱形截面，最小截面宽度仅为300mm，大量截面的高宽比高达5:1，构件的局部稳定问题突出，故采用"薄壁构件+腹板"设置T形纵向加劲肋的截面形式解决腹板的局部稳定问题。通过弹性屈曲分析与弹塑性屈曲分析对屋盖的整体稳定性能进行全面分析，通过直接分析法对非理想边界异形拱肋钢构件的承载力进行分析，确定出构件截面尺寸。进行了截面局部稳定性验算，验算结果满足国内外相关规范规定。通过有限元补充分析设置T形肋后截面的承载力情况，对不同壁厚、不同加劲肋数量的构件进行了模态分析与屈曲分析。当不设置加劲肋时，随着壁厚减薄，临界荷载迅速下降，局部稳定问题显著。设置加劲肋后，构件的屈曲承载力显著提高，从无加劲肋到设置1道加劲肋时效果最显著。根据计算结果显示，设置T形加劲肋，基本实现了高腹板窄翼缘薄壁箱形构件的全截面屈服。

本项目采用先搭设格构钢柱临时支撑，然后同时安装内受压环和外受拉环，最后对称安装主拱肋及次梁的安装方式，充分利用大开口下部的施工场地提前插入钢结构施工，满足了施工场地需求，缩短施工工期近2个月（图9.50）。采用重型吊装机械进行大吨位分段的吊装，减小了高空安装及焊接工作量，提高了施工工效，并提高了施工质量和降低了施工安全风险。大跨度主拱不分段无支撑安装方法，避免了在下部预制看台设置临时支撑而造成的支撑拆装难、看台板后装难的施工难题，同时避免了与预制看台交叉施工带来的降效、工期长、安全风险高等不利影响。超大悬挑大开口空间单层拱壳钢结构施工技术取得了明显的经济效益和社会效益，在提高焊缝质量的同时，节省焊材、机械、安全防护措施及人工投入成本至少800万元。

4）社会、环境和经济效益分析

（1）社会效益

本项目各项技术，成功应用于北京工人体育场改造复建项目钢结构工程，为建设北京工人体育场工程的顺利实施做出了重大贡献，为大悬挑大开口空间单层拱壳钢结构建设探索出了一套新方法。新增加的钢结构罩棚是新工体建设的一大亮点，

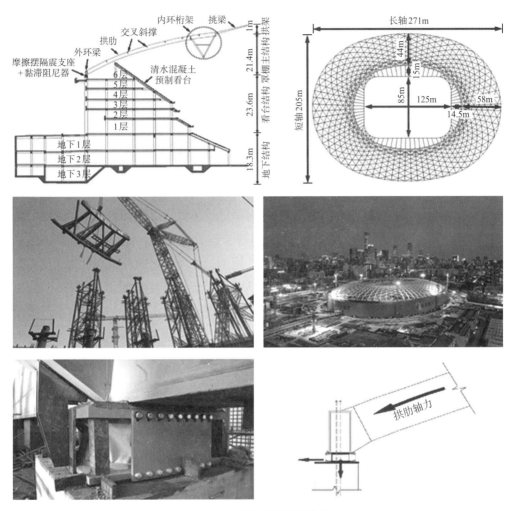

图9.50 新工体钢结构施工

项目实施得到了社会各界的广泛关注，各主流媒体争相报道新工体日益完善的风貌，其中钢结构罩棚首次吊装、合龙等工艺的报道获得了巨大阅读量；并成功亮相2021年中国国际贸易交易会，向国际社会展现了北京工人体育场的新风采，不但体现了中国基础设施建设的高度水平，更表明了足球事业发展的决心，有利于文化输出，推动了国际服务贸易发展，为中国体育事业迈向国际社会、引领国际潮流提供了良好的推进作用。

（2）环境效益

采用BIM技术对钢结构进行深化设计，钢材放样自动排版，数控机床切割下料，余料二次下料，确保材料利用率最大化，减少材料浪费。钢材采购采用就近原则，下料由专人负责，实际损耗比定额下降35%；余料分规格堆放，充分运用在加劲或加强结构中，废料定期回收。

临时设施及材料标准化，采用装配式支撑，重复使用，既节约了支撑体系材料使用，又提高了临时支撑工厂预制化，加快了现场施工进度。钢构件尽可能实行工厂加工制作，充分利用工程周边空地进行材料堆放和拼装，严格执行"工完场清"制度。

（3）经济效益

①高位组合隔震，节省混凝土和钢材用量

本项目在屋盖外环梁和钢筋混凝土看台顶部之间设置隔震层，采用摩擦摆支座。大大减小了温度和地震作用内力，同时降低了屋盖在温度和地震作用下对下部看台结构产生的内力。

隔震模型与非隔震模型相比，在温度作用下，外环梁、内环梁、拱肋的轴力减小了95%左右，因此，采用隔震设计，大大节约了屋盖钢结构的用量。

设置摩擦摆支座后，隔震层的水平地震减震系数为0.2左右，屋盖传给下部结构的地震作用大幅度减小，可有效降低下部结构负担，减小下部看台混凝土结构的构件尺寸。体育场外围柱由原内设型钢的钢骨混凝土柱改为了普通钢筋混凝土柱，其截面尺寸由原来的1250mm×2500mm减小至1250mm×1250mm，同时柱顶环梁也减小了截面，由此节约工程投资3450万元。

②深化设计减小板厚

充分利用了深化设计技术，通过对钢结构构件进行截面形式和复杂构造节点的二次设计及优化，相应拱肋、内环梁、斜撑各部分截面板厚减小，避免了难以焊接的隐蔽焊缝，节省了钢材，降低了施工难度，提高了工效，并保证了结构安全，经济效果明显。

节约人工：320元/工日×1760节点×2人/节点=1126400元

节约钢材：1000t×6500元/t=6500000元

以上合计：节约成本约762.64万元

③"大截面高支撑+超大吨位吊装"节省工期，减少人工和机械投入

通过对超大截面支撑设计与压力环吊装的研究，充分利用大开口下部的施工场地提前插入钢结构施工，满足了施工场地需求，缩短施工工期近2个月。施工过程中所使用的格构钢柱、地面拼装胎架等临时支撑措施方便安拆，材料可周转使用，节约了大量资源。采用重型吊装机械进行大吨位分段吊装，减小了高空安装及焊接工作量，提高了施工工效，并提高了施工质量和降低了施工安全风险。在提高焊缝质量的同时，节省了焊材、机械、安全防护措施及人工投入施工成本。

节约人工：380元/工日×60d×6人/d=136800元

节约焊材：5t×11000元/t=55000元

节约安全防护措施投入：30t×3000元/t=90000元

节约机械：登高4台×120000元/台=480000元

以上合计：节约成本约76.18万元

④施工过程不影响预制看台板吊装作业，节约了总工期

通过超长弧形箱形拱梁吊装研究，无支撑安装方法，避免了在下部预制看台设置临时支撑而造成的支撑拆装难、看台板后装难的施工难题，同时避免了与预制看台交叉施工带来的降效、工期长、安全风险高等不利影响。在提高焊缝质量的同时，节省了临时支撑材料及人工投入施工成本。

节约人工：380元/工日×30d×4人/d=45600元

节约支撑材料：1200t×1000元/t=1200000元

以上合计：节约成本约124.56万元

综上，节约经济成本总计4413.38万元。

5）技术的先进性

针对空间复杂异形节点进行深化设计，结合工程情况、加工工艺要求、运输方案及安装方案，充分考虑复杂节点在工厂加工及现场安装过程中的可操作性和质量缺陷控制情况，优化节点构造，制定合理的制作工艺方法，如有效地将弧形构件进行合理分段，并将复杂节点分解成利于加工的各零件单元，从而解决类似复杂构件及节点的制作难题。

通过仿真模拟技术建立施工区域模型，进行施工模拟分析，进行施工方案比选，提前发现施工流程中问题并予以解决，合理布置构件拼装和堆放场地、机械行走通道，制定合理的施工工序以及安全性分析方法，指导现场作业，为钢屋盖安装提供有效的技术保障，进一步提高施工过程的高效性及安全性。

根据现场实际场地施工条件，制定合理有序的施工方案，对施工全过程进行计算模拟分析，精准预测施工过程中结构内力变化和变形情况，根据计算结果对整个屋盖模型进行预起拱，并制定相应的监测和控制措施。最后将理论结果与实际结果相对比，总结经验，为以后类似工程提供理论支撑。

焊接虚拟制造技术作为沟通信息系统与焊接的桥梁，可通过精确的物理模型，对整个焊接过程进行建模，利用物理信息和工艺参数，在计算机上进行焊接设计和工艺仿真，进行焊接全过程描述，在实际的焊接制造之前就具有了对焊接结构的性能预测能力，将大幅度提高焊接过程的生产效率，降低生产成本。分析低温环境下

不同焊接工艺产生的组织性能差异性，科学预测、分析焊接接头性能，以指导焊接工艺方案的制定。实现钢结构焊接冶金相变数字化，并从微观层面预测工体钢结构工程焊接节点性能，对Q460高强度钢材焊接质量控制具有重要意义。

本技术揭开了高位组合减隔震技术、新型箱形钢结构截面、高强超厚板低温焊接等领域的新篇章，能够在大型公共建筑工程中得到快速应用，对今后类似工程具有重要的借鉴和指导意义。

第三部分　总结

一、技术成果的先进性及技术示范效应

本工程围绕新技术应用、绿色低碳、智能建造方面达到了"出品牌、出效益、出人才、出成果、出经验"的目标。"基于建筑垃圾零排放及再利用的大型体育场馆拆除关键技术与装备""数字化清水混凝土模板加工""大单元装配式模块化施工"等重点技术方案奠定了施工质量的提升和成本的节约。通过20多项试验的数据分析，质量精度达到了毫米级，功效转化提升了30%。目前，形成了专利60余项、工法10项、QC成果4项，发表论文25篇，编写专著1本，科技成果鉴定完成4项，均达到国际先进及以上水平。获得BIM、绿色建造、智能建造示范工程20余项奖项，项目圆满完成"打造百项成果"的目标并助力行业发展，为城市更新提供支撑（图9.51）。

二、项目节能减排等的综合效果

施工过程中，工程共产生建筑垃圾9517t，约合250.12t/万m^2，小于控制目标值280t/万m^2，符合要求。建筑垃圾回收利用量为11834t，建筑垃圾回收利用率为55.42%，大于目标控制值50%，符合要求。主要材料损耗率比额定损耗率均低于30%。

体育场改造后夏季空调冷源由制冷机房提供，热源采用市政热力供给一次高温热水，无化石燃料等一次能源利用，能源形式主要为电网供电和市政热力，实现了建筑全面电气化，不会产生直接碳排放。

表9.6汇总了改造前、改造后以及未来供热、电力系统下的碳排放总量。由于

图9.51 项目获得的部分荣誉

碳排放数据 　　　　　　　　　　　　　　　　　　　表9.6

时间	热力碳排放量 （tCO$_2$）	电力碳排放量 （tCO$_2$）	碳排放总量 （tCO$_2$）	单位面积碳排放量 （kgCO$_2$/m^2）
改造前	835（36.9%）	1427（63.1%）	2262	50.4
改造后	2589（35.3%）	4741（64.7%）	7330	43.4
2030年	1462（32.5%）	3030（67.5%）	4492	26.6
2060年	1113（59.4%）	761（40.6%）	1875	11.1

建筑体量增大和功能升级，虽然改造后体育场碳排放总量增长了2.2倍，但是随着系统能效的提升，单位面积用热和用电水平明显降低，单位面积碳排放降低了14%；在双碳背景下，2030年和2060年标志着"碳达峰""碳中和"的达成年限，是两个重要的时间节点；在未来的供热、电力系统下，热力和电力的碳排放量也

会相应减少。预测建筑在2030年的背景下，总碳排放量将是当前的60%，而在2060年背景下，总碳排放量将是当前的30%。改造前后全年碳排放总量和单位面积全年碳排放量对比如图9.52所示。

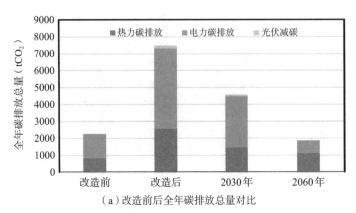

（a）改造前后全年碳排放总量对比

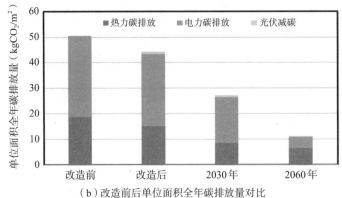

（b）改造前后单位面积全年碳排放量对比

图9.52　改造前后全年碳排放总量和单位面积全年碳排放量对比

体育场改造各因素对碳减排的贡献占比如图9.53所示。由图可知，减排效果的主要原因在于围护结构热工性能的改善节省了体育场空调、供暖环节的间接碳排放，分别占总减排量的46%和7%；设备升级对减碳的贡献包括照明设备和空调设备的升级带来的减碳效益，分别占总减排量的11%和23%。此外，体育场改造后在屋顶罩棚配备了光伏组件，可以减少147tCO$_2$/年的碳排放量，提供了13%的减排潜力。

工程所使用的主要材料为钢筋、商品混凝土、钢构件及蒸压加气混凝土砌块，其他还有土方车辆、周转材料。下列为主要碳排放计算：

（1）实际运输过程碳排放清单

本工程材料运输机械为30t重型柴油货车运输，消耗能源为柴油，查询规

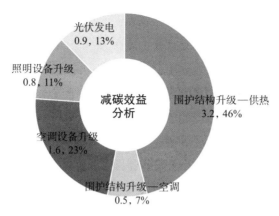

图9.53 体育场碳减排因素占比（单位：$kgCO_2/m^2$）

范《建筑碳排放计算标准》GB/T 51366—2019附录E数据得柴油的碳排放系数为0.078kgC/GJ。

实际运输过程碳排放清单数据见表9.7。

				表9.7
序号	材料	重量(t)	运距(km)	碳排放量($kgCO_2eq$)
1	钢筋	85752.1	53.8	359850.1
2	商品混凝土	1475966.1	20	2302507.1
3	钢构件	17606.5	100	137330.7
4	看台板	18456.0	45	64780.6
5	蒸压加气块	721.1	101.1	5686.5
6	石膏板	3065.7	98.7	23601.6
7	硅酸钙板	5337.1	98.7	41088.2
C_1汇总				2934844.8

实际运输过程碳排放清单数据 表9.7

钢筋碳排放：$C_{ys}=85752.1 \times 53.8 \times 0.078=359850.1kgCO_2eq$

商品混凝土：$C_{ys}=1475966.1 \times 20 \times 0.078=2302507.1kgCO_2eq$

钢构件：$C_{ys}=17606.5 \times 100 \times 0.078=137330.7kgCO_2eq$

看台板：$C_{ys}=18456.0 \times 45 \times 0.078=64780.6kgCO_2eq$

蒸压加气块：$C_{ys}=721.1 \times 101.1 \times 0.078=5686.5kgCO_2eq$

石膏板：$C_{ys}=3065.7 \times 98.7 \times 0.078=23601.6kgCO_2eq$

硅酸钙板：$C_{ys}=5337.1 \times 98.7 \times 0.078=41088.2kgCO_2eq$

C_1（材料运输过程的CO_2排放量）$=2934844.8kgCO_2eq$

（2）施工过程中碳排放量

工程所使用消耗燃油的机械主要有土方挖掘机、土方旋挖钻机、汽车起重机，以及土方运输车辆（自卸车），单独计算碳排放量：

①总共消耗土方挖掘机4800个台班，根据规范《建筑碳排放计算标准》GB/T 51366—2019查附录C表中序号5履带式单斗液压挖掘机（1m³）得到单位台班耗用柴油量为63kg。

②总共消耗汽车起重机850个台班，根据规范《建筑碳排放计算标准》GB/T 51366—2019查附录C表中序号52汽车起重机得到单位台班耗用柴油量为46.26kg。

③总共消耗土方旋挖钻机1000个台班，根据规范《建筑碳排放计算标准》GB/T 51366—2019查附录C表中序号37履带式旋挖钻机得到单位台班耗用柴油量为146.56kg。

④共消耗土方自卸车95000个台班，根据规范《建筑碳排放计算标准》GB/T 51366—2019查附录C表中序号76自卸车得到单位台班耗用柴油量为52.93kg。

机械台班产生碳排放数据见表9.8。

机械台班产生碳排放数据 表9.8

序号	机械名称	合计使用台班数（个）	单位台班耗用柴油量（kg）	折合标煤量（t）	合计产生的碳排放量（tCO₂eq）
1	土方挖掘机	4800	63	440.62	1221.6
2	汽车起重机	850	46.26	57.29	158.8
3	土方旋挖钻机	1000	146.56	213.55	592.1
4	自卸车	95000	52.93	601.56	1667.9
C_2合计					3640.4

注：每吨标煤碳排放因子为2.7725tCO₂/tce。

（3）用电产生的碳排放量

用电产生的碳排放量见表9.9。

用电产生的碳排放量 表9.9

序号	区域名称	消耗电能（kWh）	电能的碳排放系数（华北地区）（kgCO₂/kWh）	碳排放量（kgCO₂eq）
1	施工区	5135806.4	0.8843	4541593.6
2	生活区	1978480.5	0.8843	1749570.3
3	办公区	790124.1	0.8843	698706.7
C_3合计				6989870.6

本工程中，施工现场主要耗能机械及办公区、生活区等配套设施皆采用电能，查规范得到华北地区电能的碳排放系数为0.8843，则碳排放量＝消耗电能×0.8843。实际用电量与预算用电量比较，节约用电量948104.44kWh，占预算量的10.71%。节省碳排放量为838408.8kgCO_2eq。

三、社会环境效益

自开工以来，工程备受各级政府和领导的关注，原中共中央政治局委员、北京市委书记蔡奇，北京市政协主席、党组书记魏小东，北京市副市长隋振江，北京市政协委员、重大项目建设指挥部办公室党组书记王承军，北京市政协、规自委、总工会、体育局、朝阳区领导，中赫集团和北京建工集团有限责任公司等相关领导多次到现场调研指导工作，对现场管理、施工进度、文施环保等均给予了充分的肯定。2022年12月，市领导在新工体调研时指出，工体改造复建的成功实践，让北京建工成为首个完成"新中国十大建筑"修复改造建设的企业，为今后的修复改造工程树立了标杆和样板（图9.54、图9.55）。

图9.54 领导专家考察项目

四、经济效益

应用新技术可以通过节省材料、人工、资金等方式来降低工程造价和提高效益。项目经济效益分析见表9.10。

本工程是城市地标更新示范，新工体是国内最大的清水混凝土结构体育场，也是国内首个地下功能最齐全的专业化足球场。在建设全寿命周期，项目运用各项节能、节地、节水、节材及环境保护的措施来确保达到绿色建造的目的。在建设单位的带领下，各参建单位精诚合作，致力于打造出绿色精品力作工程。

我们始终秉承着"建德立业，工于品质"的理念与时俱进，共同奉献精品，为促进我国以绿色建造为管理理念的持续、健康发展贡献一份力量。项目将继续进行

图9.55 项目获得各大媒体报道

项目经济效益分析   表9.10

经济效益	项目	成本投入增加费用（万元）	与传统相比节约费用（万元）	小计（万元）
实施绿色施工产生的经济效益	环境保护	255.1	—	−255.1
	节材	320	375.2	55.2
	节能	683	1485	802
	节水	10	42.3	32.3
	节地	2200	2815	615
	人力资源节约	20	32	12
	职业健康	50	—	−50
	合计	3538.1	4749.5	1211.4
设计深化、方案优化、新技术应用产生的经济效益	技术应用或优化内容	应用后或优化后节约费用（万元）		
	三维摩擦摆隔震支座应用	300		
	清水混凝土设计	120		
	屋面钢结构截面优化	270		
	水泥土复合管桩	126		
	其他	230		

经济效益	项目	成本投入增加费用（万元）	与传统相比节约费用（万元）	小计（万元）
技术创新与应用产生的经济效益	数控机床模板加工		800	
	流态固化土回填		60	
	智能化机器人应用		220	
	钢结构屋盖安装技术		230	
	其他		210	
总计（万元）		3777.4		

绿色运营，加强节能减排、绿色低碳的组织领导，通过科学管理和技术革新，最大限度地节约资源，不断创新，持续改进，实现绿色运营经济效益、社会效益双赢。我们将秉承"绿色智能建造、助推降本增效"的理念，为项目及公司发展做出更大努力。

专家点评

　　北京工人体育场作为建国初期"十大建筑"之一，承载了北京市乃至全国人民历史记忆和情感，北京人更亲切地称之为"最后一个四合院"。项目本身采用不加装饰的清水混凝土作为建筑本体，建筑外观与结构同寿命，建筑屋盖采用钢结构作为罩棚，工程整体从设计本身采取了大量绿色建筑元素。

　　在施工阶段，项目科学策划，精细化部署，绿色建造管理措施丰富，效果显著。项目措施创新化、选取材料预制化，在确保质量的同时，减少了对周边环境的影响，提高了施工效率。加工方式工厂化，采用数字化模板加工技术，通过"数控机床+机械臂"的形式在现场进行流水作业，1台数控机床的工作效率是普通木工的17倍，模板加工精度能够达到0.1mm，所有模板边角料都可以作为模板背楞使用。施工方式装配化，钢结构屋盖、罩棚幕墙施工均采用了大单元吊装技术，提高了施工效率，减少了高空散拼的安全、质量风险。同时项目还大量应用了新技术和智能建造技术，例如，通过三维激光扫描和3D打印技术，还原了老工体窗花和雕塑等历史记忆构件，确保了文化传承。该工程重点技术方案选取的合理性是该项目实现绿色建造、成为城市更新示范的最大亮点。

在具体管理措施方面，该项目有健全的绿色建造管理体系，五方责任主体各司其职参与其中，市委市政府定期进行监督指导。项目成立了专门的绿色建造实施小组，对节材、节水、节地、节能及环境保护、绿色可持续发展进行专项盯控，项目团队有较高的创新意识，能够围绕绿色建造核心采取有效措施，整体绿色建造节约成本约3700余万元。

该项目是国内首批、北京首座国际一流专业化足球场，也是"十大建筑"首个更新示范的成功案例，整个工程通过大量的绿色建造手段呈现出来了一座科技含量高、专业属性强的体育场，自2023年4月15日中超开赛以来成为很多球迷的网红打卡点，工程建设2年多的时间，获得了各大媒体的宣传报道，两任北京市委书记蔡奇、尹力均到现场调研指导，给予充分肯定。截至目前，该工程形成各类成果100余项，从专利、工法、论文、科技成果鉴定等方面均有大量可推广经验。

10

武汉市北湖污水处理厂及其附属工程项目

第一部分 项目综述

一、项目背景

1.项目地理位置

北湖污水处理厂及其附属工程位于湖北省武汉市青山区腾飞大道与八吉府大道交会处，是国内一次性建成规模最大的污水处理厂，总用地面积约1200亩，总服务人口约248万人，于2017年4月6日开工，2021年5月7日竣工，目前已投入运营。该工程升级改造了原有污水处理厂功能，污水处理采用AAO工艺和碧水源MBR膜工艺，尾水排放达到国家一级A标准，近期处理能力为80万t/d，远期处理能力为150万t/d。截至目前，已累计处理约3.2亿t污水。其附属工程主要包括办公楼、展厅、检测中心和宿舍4栋建筑，规划用地面积为42934.88m²，总建筑面积为7123.28m²，容积率为0.17，建筑密度为8.67%，绿地率为45%（图10.1）。

图10.1 工程实景

2. 工程相关方

建设单位：武汉三镇实业控股股份有限公司建设事业部

武汉市城市排水发展有限公司

武汉市城市建设投资开发集团有限公司

设计单位：泛华建设集团有限公司

武汉市政工程设计研究院有限责任公司

中国市政工程中南设计研究总院有限公司

施工总承包单位：中铁上海工程局市政工程有限公司

监理单位：武汉扬子江工程监理有限责任公司

湖北中南工程建设监理有限公司

3. 项目历史

北湖污水处理厂是武汉市"四水共治"重点项目，采用"四厂合一"的全新方式，将现在运行的武汉市水务集团所属沙湖、二郎庙、落步嘴污水处理厂的升级扩建，与拟建的北湖污水处理厂合并建设。

二、项目策划

1. 设计理念

生态优先、绿色发展、科学规划、合理设计、资源节约、高效利用，武汉北湖污水处理厂的设计理念主要包括以下几个方面：

1）生态优先和绿色发展

北湖污水处理厂是国内一次性建设规模最大的污水处理厂，其光伏项目总装机容量达23.73MW，25年运营期内每年可提供绿电约2200万度，减少二氧化碳排放约4.6万吨t。此外，PAC药剂投加系统改造降低了能耗，进一步减少了二氧化碳的排放。

2）科学规划和合理设计

北湖污水处理厂部分构筑物采用全地下式结构设计，减少了对地表环境的破坏。深隧传输系统充分利用深层地下空间，避免了长距离管道施工对地表的大面积占用及破坏。深隧压力流传输方式降低了工程能耗，运营阶段显著降低了末端泵站的能耗。

3）资源节约和高效利用

污水处理厂在设计和施工过程中注重资源节约和高效利用。例如，采用低碳环保预制盾构管片技术，实现了废弃资源的高效利用。水泵及风机等设备均采用高效、低耗的产品，供电设计采用新型无功补偿装置，提高了功率因数，减少了电力无功损耗。

4）技术创新

北湖污水处理厂在设计和施工过程中积极研究技术创新点，解决了一系列技术难题。例如，研发了复杂条件下的深隧设计关键技术、长距离小直径污水深隧施工设备、安全高效建造成套施工技术等。

5）先进工艺

污水处理厂采用改良的 AAO+ 深度处理工艺和 AAO+MBR 工艺，出水水质优于国家一级 A 标准。其中，MBR 工艺预留尾水再生回用条件，确保了后期运行安全可靠。

6）环保措施

北湖污水处理厂贯彻"长江大保护"战略，采用"四厂合一"的全新方式，将沿线 $200km^2$ 的污水通过深隧传输至污水处理厂内，从根本上解决了大东湖地区的污水处理等水环境难题。

综上所述，这些设计理念和技术措施共同构成了武汉北湖污水处理厂的综合环保和节能体系，体现了生态优先和绿色发展的理念。

2.项目定位

武汉北湖污水处理厂项目定位主要包括以下几个方面：

1）城市污水处理

北湖污水处理厂是武汉市主要的污水处理设施之一，近期处理能力为 80 万 t/d，远期处理能力为 150 万 t/d。能够处理大量的城市生活污水，确保城市排水系统的正常运行和环境保护。

2）绿色低碳运营

北湖污水处理厂在运营过程中注重低碳化，通过光伏发电等措施减少碳排放。该厂的光伏项目装机规模全国第一，每年提供约 2200 万度的绿色清洁电能，约占全厂用电量的 20%，显著减少了二氧化碳的排放。

3）技术创新和智能化管理

北湖污水处理厂在建设和运营中采用了多项创新技术，如深隧设计、施工设备研发等，确保了污水处理的效率和稳定性。同时，利用数字孪生系统和自动化实时数据进行双向交互，实现了能耗的优化和管理。

4）环保效益和社会影响

北湖污水处理厂不仅在节能减排方面取得了显著成效，还通过中水回用等方式，进一步提升了资源利用效率，对武汉市的环境保护和可持续发展做出了重要贡献。

综上所述，武汉北湖污水处理厂不仅是一个重要的城市污水处理设施，还通过绿色低碳运营和技术创新，成为武汉市环保和节能减排的典范。

3.项目构思

武汉北湖污水处理厂项目的构思是一个集绿色、低碳、智能、生态于一体的综合性污水处理工程，旨在解决武汉市污水处理问题，同时推动城市绿色循环经济的发展。以下是对该项目构思的详细阐述：

1）项目背景与意义

武汉北湖污水处理厂项目是在国家"长江大保护"和武汉市"四水共治"的战略背景下提出的。该项目针对武汉市污水处理设施布局及用地结构存在的问题，以及湖泊生态环境保护的迫切需求，旨在通过建设一座大型污水处理厂，提高城市污水处理能力，改善水环境质量，促进城市可持续发展。

2）项目构思要点

（1）规模宏大，技术先进

项目一次性建成，规模宏大，近期处理能力为80万t，远期处理能力为150万t/d。是国内一次性建成规模最大的污水处理工程。

采用先进的污水处理工艺，如AAO工艺和碧水源MBR膜工艺，确保出水水质达到国家一级A标准，甚至优于该标准。

（2）绿色低碳，节能减排

项目充分融入绿色低碳理念，通过建设分布式光伏发电站，实现污水处理过程中的能源自给自足，降低用电成本，减少碳排放。

4.合理处置危楼

1）加固维修

对于结构尚可但存在一定安全隐患的房屋，可以通过专业的技术手段对房屋的承重墙、梁柱等关键部位进行加固，更换老化或损坏的材料，从而恢复房屋的安全使用。

2）拆除重建

对于结构严重损坏、无法通过维修恢复安全的房屋，拆除重建是更为彻底的解决方案。虽然成本较高，但可以从根本上解决问题，确保居民的安全。

3）临时安置

在处理危楼的过程中，临时安置是必不可少的环节。居民的安全是首要考虑的因素，因此在维修或重建期间，应将居民暂时安置在安全的地方，确保他们的生活不受影响。

4）政府补贴

对于经济能力有限的居民，政府可以通过提供资金补贴，帮助他们进行房屋维修或重建。这种方式不仅可以减轻居民的经济负担，也有助于加快危房处理的进度。

5）法律步骤

处理危楼必须遵循一系列严格的安全措施和法律步骤。首先，识别危楼是处理问题的第一步，通常包括结构损坏、墙体开裂、地基下沉等特征。其次，专业的建筑工程师应进行详细的结构评估，确定建筑的安全等级。在执行这些步骤时，必须确保所有工作都符合国家建筑规范和安全标准。

6）拆除程序

对于被判定为危房的房屋，相关部门会发出拆除通知，要求房主在规定的时间内自行拆除。如果房主不配合，相关部门可以强制拆除。在拆除过程中，相关部门需要确保人身安全，避免因拆除作业导致的人身伤害。

7）赔偿问题

对于危房的拆除，通常会有一定的赔偿。赔偿的金额和方式会根据地方政府的具体规定而定。在一些情况下，地方政府可能会提供替代住房。

通过以上方法，可以有效应对危楼问题，确保居民的生命安全和财产安全。

5.变废为宝

污水处理厂老建筑可以通过改造和升级实现变废为宝，提高资源利用效率并促进环境保护。

1）技术升级

老旧的污水处理厂可以通过技术升级，提高污水处理效率和出水水质。例如，采用先进的MBR膜工艺，可以在不新增用地的情况下，将出水水质提升至国家一级A标准，甚至达到准四类地表水标准。

2）资源回收

污水处理厂在处理污水的过程中，可以回收和利用其中的资源。例如，污泥经过无害化处理后，可以用于园林施肥和土壤改良；排放的中水可以用于城市绿化、灌溉、道路降尘和工业用水等。

3）结构改造

对于受用地限制的老旧污水处理厂，可以通过结构改造，在现状建（构）筑物的基础上进行升级，以满足更高的环保要求。

这些措施不仅有助于提升污水处理厂的处理能力和效率，还能为城市的可持续发展和环境保护做出贡献。

6. 形成的重要空间节点

北湖污水处理厂的重要空间节点是深隧泵房。深隧泵房是连接武汉北湖污水处理厂和武汉深邃的重要节点工程，其施工难度达到了国内最高等级。深隧泵房主体深48m、直径为43m，设计每天抽取污水量为80万t，体量之大在国内基建领域实属少见。

（1）该泵房采用"逆作法"施工，从上向下作业，分为14层，逐层开挖和浇筑，施工过程包括防水、地下连续墙入岩、内衬墙浇筑等，技术难度极高。深隧泵房不仅是北湖污水处理厂的关键节点，还通过智慧运营系统实现了智能调度管理和淤积检测预警，确保了污水处理的高效运行。

（2）北湖污水处理厂还通过建设分布式光伏发电项目，优化能耗和碳排放管理，实现了绿色低碳运营。

7. 项目改造对比

项目改造前实景如图10.2所示。

图10.2　项目改造前实景

经历一系列的技术改造和设备升级，显著提升了污水处理的能力和效率，并带来了显著的经济效益。项目改造后实景和设计图如图10.3～图10.7所示。

图10.3 项目改造后实景

天花：白色铝板、白色格栅

墙面：石材

地面：瓷砖

办公楼大厅面积：170.90m²
办公楼大厅平方米造价：3000元/m²

图10.4 室内空间改造图

天花：白色铝板，深色金属氟碳漆，光膜天花

墙面：抗倍特板+金属收边条

地面：玻化砖

办公楼会议室面积：112.54m²
办公楼会议室平方米造价：1800元/m²

图10.5 办公楼会议室效果图

天花：白色铝格栅

墙面：抗倍特板+金属收边条

地面：石材

展厅展示区面积：710m²

展厅展示区平方米造价：2800元/m²

图10.6　展厅设计方案

图10.7　室外空间改造图

第二部分　工程创新实践

一、管理篇

1.重大管理措施

1）污水处理厂重大管理措施

完善监管机制，通过人力、物力及资金的有效投入，逐步实现城区雨污分流，从源头上保证城市生活用水质量。通过宣传教育和有效的管理措施，转变人们的污水处理观念，减少水体污染。

2）加强污水处理厂运行监管

根据国家和地方相关环保法律法规，制定监管工作方案，确保污水处理厂安全平稳运行，保障污水处理达标和污泥外运处置规范，降低生产运行对周边环境的影响。

3）农村污水治理

加强农村黑臭水体治理，定期开展排查，完善排查制度，系统开展治理。强化源头防控，科学规划，积极做好农村污水治理"后半篇文章"，理顺运维工作内容，完善运维考核制度。

4）减污降碳协同控制

科学开展污水管网清淤管护，减少甲烷排放。支持将上游生产企业可生化性强的废水作为下游污水处理厂的碳源补充，加强高效脱氮除磷等低碳技术应用。

5）安全生产管理

污水处理厂常见的安全隐患包括毒气侵害和电击伤。要求掌握危险源的产生来源和防范措施，经常检查工作环境，严格遵守"先通风-再检测-再进入"的作业流程，加强用电安全知识培训。

这些措施共同构成了污水处理厂管理的综合体系，旨在提升污水处理效率，保障水质安全，减少环境污染，并确保污水处理厂的稳定运行。

2.技术创新激励机制

1）产学研合作

鼓励污水处理厂与高校、科研机构合作，共同研发新技术、新工艺，如上海同臣环保有限公司与同济大学的合作案例，成功将高校技术转化为实际应用产品。

2）政策引导

政府应出台相关政策，明确技术创新的方向和重点，如推动污水资源化利用，助力实现碳达峰、碳中和目标。

3）资金支持

为污水处理厂提供技术创新资金支持，如设立专项基金、提供贷款优惠等，降低企业创新风险。

4）绩效考评

建立科学的绩效考评体系，将技术创新成果纳入考评范围，激励污水处理厂加大技术创新力度，如沾化县高度重视、多措并举，积极开展污水处理绩效考评。

二、技术篇

1.本技术对应的项目难点、特点或重点

泛华建设集团有限公司湖北设计分公司在项目设计中，积极研究技术创新点，立足于降本增效的原则，为项目提供了有力的技术支持。

1）一次性建成规模大

北湖污水处理厂设计规模为150万t/d，近期规模为80万t/d，属于特大型城市污水处理厂，目前是国内一次性建成规模最大的污水处理厂，同时该厂设计出水水质按优于国家一级A标准执行（图10.8）。

图10.8 污水处理厂全貌

2）双工艺技术路线

该厂近期工程中$40 \times 10^4 m^3/d$采用改良AAO+深度处理工艺，$40 \times 10^4 m^3/d$采用AAO+MBR工艺。该厂采用双工艺路线，有力保证了出水水质，充分考虑了工程投资、运行安全与节能降耗，同时兼顾了远期升级改造需求，为污水的再生回用奠定了良好的基础。

3）改良AAO生物池强化碳源利用效率

该厂采用改良AAO+深度处理工艺路线，由于进水C/N值较低，生物池运行中碳源有限，为强化碳源利用效率，改良AAO生物池通过碳源分配、混合液回流控制和溶解氧浓度控制等技术措施强化了生物池内的碳源利用效率。

4）再生水回用

该厂出水水质满足《城镇污水再生利用工程设计规范》GB 50335—2016、《循环冷却水用再生水水质标准》HG/T 3923—2007等要求，可作为港渠生态补水、市政景观用水、城市杂用水及石化工业循环冷却用水水源。

污水处理厂功能分区分明，深入贯彻海绵城市建设及绿色建筑理念，按照不同功能分区布置，功能分明并用绿化带隔开。厂区内建筑采用简洁工业风格，附属构筑物及厂前区建筑屋面均采用绿色屋面技术，厂区内因地制宜建设成雨水花园，收集并净化厂区径流雨水。

项目充分考虑节省能源、降低运行成本、实现自动化控制，设备均采用高效、低耗的产品。供电设计采用新型无功补偿装置，提高功率因数，减少电力网无功损耗。后期增设光伏发电系统，节能减排。水泵及鼓风机等设备采用变频以减少电耗。全厂采用技术先进的微机测控管理系统，各种设备均可根据出水水质、流量等参数自动调节运转台数或运行时间，不仅改善了内部管理，而且可使整个污水处理系统在最经济的状态下运行，使运行费用降到最低。

现在，项目的建成将解决武汉大东湖地区水环境问题以及污水处理厂用地与城市布局的矛盾，优化基础设施布局，提升核心区城市功能，对建设国家中心城市、合理利用城市地下空间意义重大。

同时，该工程在建设过程中开展技术创新、管理创新和绿色建造等，远期规划建设总处理规模达150万t/d，将产生巨大的社会效益、环境效益、经济效益和技术效益，成为贯彻落实习近平总书记关于"生态文明""长江大保护"思想，践行"双碳"理念的又一成功案例，大大强化了长江经济带重要湖泊保护和治理，持续改善着长江经济带生态质量。

北湖污水处理厂从一片荒芜，到今天的施工大干、顺利完工（图10.9），离不开背后默默无闻的建设者，每一名参与者、建设者都值得夸赞。为及时、优质地服务好这一绿色环保工程，泛华团队充分调动力量，为"四水共治"奉献自己的力量。未来，泛华团队也将始终秉承专精特新的工匠精神，与所有参战方一同，护一城净水，绘两江画廊，显三镇灵秀，共建大武汉，共铸新辉煌。

图10.9 污水处理厂完工后效果图

2. 主要施工措施及施工方法

北湖污水处理厂深隧泵房作为隧道与污水处理厂衔接的关键节点工程，施工难度达到了行业内的最高级。

深隧泵房地下连续墙工程领先攻克了四大技术难点：一是入岩深度大、强度高的地层成槽；二是超深地下连续墙成槽垂直度控制；三是超长超重地下连续墙钢筋笼制作及拼接；四是超深地下混凝土浇筑质量控制等。整个项目的精度偏差不到 6cm，不足一根小手指的长度，其垂直度达到了 1/1000 的控制精度。

半个武昌城的污水每天都通过埋深超过 40m 的大东湖深隧奔向北湖污水处理厂进行深度处理。同时，抽水深度深、处理量大，在污水处理的直接生产成本中，电能消耗占 30% 以上。污水处理的繁忙意味着巨大的电力消耗，光伏发电成为不二首选。

北湖污水处理厂内大型处理池较多，仅二次沉淀池直径就达 50 多米。池面大跨度铺设光伏板是施工难点之一。为此，这一项目采用钢结构与预应力钢索系统组合支架结构，通过对钢索施加预应力使得其获得刚度，并通过纵向稳定系统将各行连成一个整体，共同抵御风振影响。其中，二次沉淀池区域的钢索单跨跨度达59.3m，为目前全国预应力钢索光伏支架体系的最大单跨跨度（图 10.10）。

图 10.10　钢结构与预应力钢索系统组合支架结构

新的安装方法使建设造价低于传统钢结构支架的 30% 至 50%，承重能力则提高 30% 以上，施工周期缩短 40% 至 50%，管桩数量节约 90% 以上，钢材用量节约30% 至 50%，大幅降低了建筑能耗。

2022 年 11 月初，北湖污水处理厂光伏发电站全容量正式并网运行。厂区54000 块光伏板全部安装到位且并网发电，成为目前国内最大的污水处理厂分布式光伏发电项目（图10.11）。光伏板总面积达到18万 m²。其中，屋面光伏装机规模约1.46016MW，占地约 1.5万 m²，大跨越柔性支架光伏装机规模约22.26744MW，占地约16.67万 m²，总建设规模约23.7276MW。

图10.11　污水处理厂光伏发电站

据测算，北湖污水处理厂光伏发电项目并网发电后，在25年运营期内，每年可提供绿色清洁电能约2200万 kWh，占厂区用电总量的20%。这些电能将全部用于北湖污水处理厂生产用电，每年因此可节约发电燃煤约8000t，相当于减少二氧化碳排放量约2万t，减污降碳成效显著。

北湖污水处理厂利用"水务 + 光伏"的天然优势，进一步降低污水厂用电成本，促进类似光伏项目的可持续发展，未来可逐步在水务系统中复制推广，大力践行绿色发展的理念。

3. 采用的施工技术

北湖新厂一半采用A/O深度处理工艺，另一半采用膜技术工艺，这种技术能力也被视为当下国内最先进的污水处理技术之一。

1）A/O工艺法

A/O工艺也叫厌氧好氧工艺，是改进的活性污泥法，其将厌氧水解技术用于活性污泥的前处理，后续设置好氧段（图10.12）。A/O脱氮工艺的优越性是除了使有机污染物得到降解之外，还具有一定的脱氮除磷功能。

A/O工艺将前段缺氧段和后段好氧段串联在一起，交替处理。在缺氧段，异养菌将污水中的淀粉、纤维、碳水化合物等悬浮污染物和可溶性有机物水解为有机

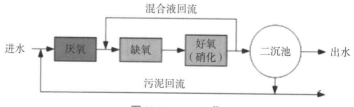

图10.12　A/O工艺

酸，使大分子有机物分解为小分子有机物，不溶性有机物转化成可溶性有机物，可提高污水的可生化性。在缺氧段，异养菌将蛋白质、脂肪等污染物进行氨化游离出氨氮；在好氧段，硝化菌将氨氮氧化为硝态氮，通过回流控制返回至A池。在缺氧条件下，异养菌的反硝化作用将硝态氮还原为分子态氮完成C、N、O在生态中的循环，实现污水无害化处理。

A/O工艺特点是：效率高，该工艺对废水中的有机物、总磷等均有较高的去除效果。流程简单，投资少，操作费用低。工艺要求短泥龄，控制氨氮硝化，保证了除磷效果，但是氮去除效果较差。

2）膜技术工艺

膜分离技术被公认为是目前最有发展前途的高科技水处理技术，膜分离技术是以选择性多孔薄膜为分离质，使分子水平上不同粒径分子的混合物溶液借助某种推动力（如：压力差、浓度差、电位差等）通过膜时实现选择性分离的技术，低分子溶质透过膜，大分子溶质被截留，以此来分离溶液中不同分子量的物质，从而达到分离、浓缩、纯化目的（图10.13）。

图10.13 膜技术工艺

近年来，扩散定理、膜的渗析现象、渗透压原理、膜电势等研究为膜技术的发展打下了坚实的理论基础，膜分离技术日趋成熟，而相关科学技术的突飞猛进也使得膜的实际应用已十分广泛，从环境、化工生物到食品各行业都采用了膜分离技术，迄今为止，水处理领域中的膜技术主要有以下几种：

（1）反渗透（RO）膜技术

反渗透（又称高滤）过程是渗透过程的逆过程，推动力为压力差，即通过在待分离液一侧加上比渗透压高的压力，使原液中的溶剂被压到半透膜的另一侧。反渗透膜技术的特点是无相变、能耗低、膜选择性高、装置结构紧凑、操作简便、易维修和不污染环境等（图10.14）。

图10.14　反渗透（RO）膜技术

（2）纳滤（NF）膜技术

纳滤膜技术是超低压具有纳米级孔径的反渗透技术。纳滤膜技术对单价离子或相对分子质量低于200的有机物截留较差，而对二价或多价离子及相对分子质量介于200~1000的有机物有较高的脱除率。纳滤膜具有荷电，对不同的荷电溶质有选择性截留作用，同时它又是多孔膜，在低压下透水性高（图10.15）。

图10.15　纳滤（NF）膜技术

（3）微滤（MF）膜技术

微滤膜技术是以静压差为推动力，利用筛网状过滤介质膜的筛分作用进行分离。微滤膜是均匀的多孔薄膜，其技术特点是膜孔径均一、过滤精度高、滤速快、吸附量少且无介质脱落等。主要用于细菌、微粒的去除。广泛应用于食品生产和制药、饮料和制药产品的除菌和净化、半导体工业超纯水制备过程中颗粒的去除、生物技术领域发酵液中生物制品的浓缩与分离等（图10.16）。

图10.16　微滤（MF）膜技术

（4）超滤（UF）膜技术

超滤膜技术是以压差为驱动力，利用超滤膜的高精度截留性能进行固液分离或使不同相对分子质量物质的膜分离的技术。其技术特点是：能同时进行浓缩和分离大分子或胶体物质。与反渗透膜技术相比，其操作压力低，设备投资费用和运行费用低，无相变，能耗低且膜选择性高。在食品、医药、工业废水处理、超纯水制备技术工业领域应用较广泛（图10.17）。

图10.17　超滤（UF）膜技术

（5）电渗析（ED）膜技术

电渗析过程是一个电化学分离过程，是在直流电场作用下以电位差为驱动力，通过荷电膜将溶液中带电离子与不带电组分分离的过程。该分离过程是在离子交换膜中完成的。主要应用于苦咸海水脱盐、浓缩制盐，乳精、糖、酒、饮料等的脱盐净化，锅炉给水、冷却循环水软化中高价值物质回收与水的回用，废酸、废碱液净化与回收（图10.18）。

（6）双极（BPM）膜技术

双极膜是由阴离子交换膜和阳离子交换膜叠压在一起形成的新型分离膜。阴阳膜的复合可以将不同电荷密度、厚度和性能的膜材料在不同的复合条件下制成不同性能和用途的双极膜。主要应用于酸碱生产、烟道气脱硫、食盐电解等行业（图10.19）。

图10.18　电渗析（ED）膜技术

图10.19　双极（BPM）膜技术

（7）渗透蒸发（PV）膜技术

渗透蒸发过程是一个压力驱动膜分离的过程，它是利用液体中两种组分在膜中溶解度与扩散系数的差别，通过渗透与蒸发，达到分离目的的一个过程，其设备投资和运行费用较低，近年来对于渗透蒸发技术的研究虽然很快，但是其单独使用的经济性并不好（图10.20）。

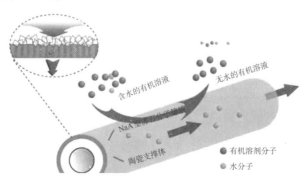

图10.20　渗透蒸发（PV）膜技术

第三部分　总结

一、项目节能减排等的综合效果

污水处理厂减少建筑垃圾产生量的综合效果主要体现在以下几个方面：

1.减少建筑垃圾排放

通过源头减量和系统推进，污水处理厂在处理过程中可以有效减少建筑垃圾的产生。例如，推动工业企业和园区废水循环利用，实现串联用水、分质用水、一水多用和梯级利用，从而减少建筑垃圾的排放。

2.提升资源利用效率

污水处理厂在处理过程中，通过高效节能的产品设备和专业服务，减少能耗和物耗，提升资源利用效率。这不仅能减少建筑垃圾的产生，还能降低处理成本，提高经济效益，促进绿色发展。污水处理厂在处理过程中注重资源化利用，如污水污泥的资源化利用，可以减少建筑垃圾的产生，同时促进能源资源的节约集约和循环利用，推动形成绿色生产方式和生活方式。

3.改善环境质量

通过减少建筑垃圾的产生和处理，污水处理厂有助于改善环境质量，减少对环境的污染，推动美丽中国建设。

4.推动技术创新和管理优化

污水处理厂在减少建筑垃圾产生量的过程中，会推动技术创新和管理优化，采用新型建造方式和绿色建材，进一步减少建筑垃圾的产生。

综上所述，污水处理厂通过源头减量、系统推进、技术创新和管理优化等措施，可以有效减少建筑垃圾的产生，促进绿色发展，改善环境质量。

二、经济效益

1.光伏发电带来的经济效益

北湖污水处理厂的光伏发电站每年可提供约2200万度的绿色清洁电能，约占全厂用电量的20%。这相当于每年节约标准燃煤约0.8万t，减少二氧化碳排放量约2万t，节能减排效果显著。

2.再生水利用带来的经济效益

北湖污水处理厂每天产出再生水达50万t，主要用于生态补水、城市洒扫等领域。青山北湖流域再生水利用工程将再生水直通企业，每年节水2300余万t，开创了武汉再生水服务于工业生产的先河，大幅降低了工业用水的成本。

3.污水处理带来的经济效益

北湖污水处理厂日均处理生活污水80万t，自2020年9月16日试运行以来，该厂总计处理污水达3亿8千万t，总服务面积约130km²，总服务人口约240万人。这些处理后的污水可以用于农业灌溉、工业冷却等多种用途，进一步拓展了污水处理的经济效益。

4.绿色建筑运行带来的经济效益

北湖污水处理厂的附属工程获得了三星级绿色建筑运行标识，通过节能减排措施，降低了运营成本，提高了能源利用效率。

综上所述，北湖污水处理厂通过光伏发电、再生水利用、绿色建筑运行等多方面的措施，不仅实现了显著的环境效益，还带来了显著的经济效益，降低了运营成本，提高了资源利用效率。

三、安全保障方案

北湖污水处理厂的安全保障方案主要包括以下几个方面：

1.安全生产管理

制定安全生产管理标准和各项安全生产管理制度，进行标准化管理。严格执行安全第一、预防为主的原则，确保生产过程中的安全。

2.设备维护和保养

节前对重点设备进行维护检修，排查安全隐患，确保设备始终处于良好的运行状态。合理调整运行工艺，确保系统满负荷运行，出水水质达标后排放。应急预案：制定节日抢险应急预案，确保能够及时处置突发情况，保障污水处理设施的安全稳定运行。

3.环境标准及规范

采用的环境保护标准及规范包括工业企业设计卫生标准、工业企业噪声控制设计规范、建筑设计防火规范等，确保污水处理过程中的环境安全。

4.主要危害因素分析

包括自然因素如地震、泥石流、暴雨和洪水、暑热、雷击等，以及生产过程中产生的危害如有毒有害气体、污水外溢、火灾爆炸事故、机械伤害、噪声振动、触电事故、高空作业及碰撞等。

5.自然危害因素防范措施

包括防暑防寒、防雷击、防洪等措施，确保污水处理厂在各种自然条件下的安全运行。

6.后勤保障

提前做好人力调配、物资储备，加强对一线值班工作人员的关爱服务，确保生产药剂和值班生活物资的充足供应。通过这些措施，北湖污水处理厂能够确保在各种条件下都能安全稳定地运行，保障污水处理设施的安全和达标排放。

专家点评

北湖污水处理厂作为国内一次性建成规模最大的城市污水处理厂，其建设成就令人瞩目。该项目不仅体现了我国在污水处理领域的技术实力和管理水平，更为城市水环境的改善和可持续发展做出了重要贡献。

在技术创新方面，北湖污水处理厂采用了先进的AAO工艺和MBR膜工艺，出水水质达到国家一级A标准，甚至优于该标准，展现了其在污水处理技术上的领先地位。同时，项目在复杂地质条件下成功实施了长距离深隧传输系统，解决了污水收集与传输的难题，体现了卓越的施工技术和项目管理能力。

在运营管理上，北湖污水处理厂注重节能减排和绿色发展，通过引入光伏发电系统，实现了清洁能源的自给自足，大大降低了生产运营成本，并显著减少了碳排放。这种"水务+光伏"的创新模式，为污水处理行业的绿色转型提供了宝贵经验。此外，北湖污水处理厂在环境效益和社会影响方面也表现突出。项目投运以来，有效缓解了周边区域的水环境污染问题，提升了城市水环境质量，为居民提供了更加宜居的生活环境。同时，该项目的成功实施，也为类似地区的污水处理设施建设提供了可借鉴的范例，推动了我国污水处理事业的整体进步。

综上所述，北湖污水处理厂以其卓越的建设成就、技术创新、运营管理、环境效益和社会影响，赢得了专家的高度评价，其不仅是我国污水处理领域的一座丰碑，更是推动我国生态文明建设、实现可持续发展的重要力量。

11

高阳县孝义河沿线有机更新与系统提升项目

第一部分 项目综述

一、项目背景

1.项目位置及基本概况

高阳县孝义河沿线有机更新与系统提升项目是泛华建设集团有限公司2021年与高阳县合作以来，在县域城市更新方面的经验总结，是巾巾乐道产业育城中心、国际纺客风情园、孝义河生态廊道提升工程等系列项目的综合呈现，是全过程咨询引领全生命周期建设下，多模式并举与多元主体参与的县域城市有机更新的一次有益探索。

高阳县位于河北省保定市东南部、京津冀中心地带，是雄安新区南大门，素有"中国纺织之乡""中国毛巾毛毯名城""中国农机配件之都""国家循环经济示范县""省级卫生县城""省级园林城市""省级洁净城市""省级文明县城"等多项称号。县域面积为441km^2，全境为平原，有潴龙河、孝义河、小白河三条白洋淀的季节性河流。本次项目将以孝义河沿线龙湖片区、老城片区、凤湖片区三大板块城市更新建设情况为核心进行展开。

高阳县作为河北省县城建设样板培育县，面向新时代，不断明晰环雄安现代产业承载地、保东南城乡融合发展示范区、白洋淀南绿色发展示范区的发展定位，奋力打造以纺织业和商贸服务业为主的文化旅游城市。积极抢抓京津冀协同发展带来的承载疏解机遇、雄安新区大规模建设带来的辐射带动机遇、保定市推动京雄保一体化发展带来的城市经济融合发展机遇"区域性三大机遇"。充分从自身需求、战略引导出发，与对接雄安、满足居民生活需求、培育新的产业增长极和空间增长极等战略相结合，建设完成巾巾乐道产业育城中心、龙湖公园、国际纺客风情园、凤湖公园、十里义脉等相关节点，探索具有地域化特色的城市更新模式。

2.项目背景及重难点

高阳县以承办2021年第四届保定市旅游产业发展大会为契机,与泛华建设集团有限公司共同制定旅游产业发展大会顶层设计和作战地图,明确以推动产业提质升级、提高城市品位、挖掘特色文化、凝聚发展合力为发展目标,将承办旅游产业发展大会作为保定市对高阳县高质量发展的一次系统检阅,作为对高阳县高质量发展新理念、新思路、新篇章、新蓝图的全面表达;是对"十四五"开局之年新战略、新格局、新举措、新面貌的整体呈现,对经济发展新要素、新动能、新经济、新业态的系统激活,对百姓认同感、期待感、幸福感的高调回应。

由于项目的特殊性、时限性,在谋划、建设过程中,泛华建设集团有限公司作为总导演、总策划、总承包、总协调、总制作,创新采用"政府主导、国企参与、市场运作"的城市更新模式,坚持"党委引导、政府市场协同、居民参与"的多元主体参与,在183天时间内,无中生有、有中生新,所有顶层设计系统策划内容落地实施,所有建设工程如期竣工,所有招商工作如期完成,所有节庆活动成功举办,实现了高阳县承办保定市第四届旅游产业发展大会的圆满收官,打响了"世界纺客目的地"品牌,掀起了城乡建设新高潮,带动了高阳县产业升级、商贸发展、生态提升。在建设过程中重点攻克了以下城市更新难点:

1)重点区域与县域整体的平衡

综合考量县域总体财政情况和人员情况,以孝义河沿线为基准,选取重点片区进行能够形成"大反差""超预期效果"的建设性更新,其余片区采用"小投入""绣花式""内涵式"的城市微更新,两种方式相结合保证了规划设计的科学性和可行性。

2)园区更新与河道防洪的平衡

由于孝义河属入淀河流,水质标准以及防洪要求标准都较高,需盘活园区场地位于孝义河行洪范围边界处,通过开展区域生态资源评估与场地评估、识别重要生态功能等方式,对园区进行地形塑造、植物风貌打造、土壤改良,重塑场地自然风貌,从而实现园区生态功能,打造绿色园区。

3)建设时间与举办时间的平衡

由于承办旅游产业发展大会时间的紧迫性,以及部分场地承办活动的需求,在对园区进行更新的过程中,创新采用"布展思维""场景打造"等方式对园区进行改造,避免办会后使用功能不一致所导致的重复建设等问题。

4)建设成本与呈现效果的平衡

秉承绿色发展理念,在顶层设计中明确"五个充分利用"的建设原则,尊重高阳县实际情况，充分利用现状、色彩、亮化、活动、市场，统筹孝义河清淤工程、城市线缆入地工程、水利灌溉工程等建设，对清淤土方、水利道路建设、水利桥梁利用等内容进行协调，从而实现效果的最大化。

5）更新场地与运营管理的平衡

在对国际纺客风情园（原纺织商贸城）进行改造的过程中，面临大量施工界面为个人产权建筑的情况，秉承"运营前置""集群化发展"的更新思路，在更新过程中充分寻找并尊重运营者经营思路，保证更新后园区的顺利激活。同时，综合考虑更新成本、权属等问题，采用最大限度地保留、保护既有建筑，坚持用地边界不变、街巷布局与尺度肌理不变、院落组合格局与特点不变的思路对园区进行改造。

3. 工程相关方

本项目由高阳县鼎诚建设有限公司、高阳县兴阳旅游发展有限公司作为工程建设单位，泛华建设集团有限公司作为全过程咨询与设计单位，泛华建设集团有限公司、河北建设集团股份有限公司共同进行施工，项目监理工作由河北佳航工程项目管理有限公司、河北理工工程管理咨询有限公司、共赢建设集团有限公司等单位共同负责。

二、项目理念

1. 设计理念

1）以顶层设计引领，重构空间格局、拓展发展空间，再造区域价值

面向高质量发展带来空间拓展的需求、美好生活之城品质打造的要求，以顶层设计系统规划，高标准谋划高阳县发展新格局，在拓宽城市空间和拉大城市框架上做足文章，形成了极点支撑辐射、轴带传导带动、片区联动发展的空间格局，引导城市组团式和各板块互促协调发展。坚持城市有机更新，以新城建设带动老城更新发展，持续推动城市更新和产业壮大和谐并进，通过蓝绿格局构建，提升空间品质、增强城市活力，实现土地效能提升、城市功能完善、城乡风貌焕新、县域形象升级，突出现代化品质生活之城建设特色。

全面谋划打造孝义河数字化、绿色化创新发展轴，依托孝义河沿线本底优势、资源优势、产业优势，串联龙湖、凤湖两大核心增长极，联通文旅会展、绿色低碳两大门户，激活区域发展新动能，不断强化功能承载与产业资源要素集聚，以项目建设带动产业，着力解决交通接驳堵点、城乡联动痛点、产业互动难点、招商推广难点，全面提升孝义河数字化、绿色化创新发展轴辐射带动能力，成为构建县域高质量发展的重要依托。

2）以载体场景打造、业态功能植入带动要素集聚，盘活低效空间

为破解低效用地困局，用活政策加快土地收储再出让，向"存量"要空间、向"低效"要效益，创新谋划以巾巾乐道产业育城中心为主的系列产业项目，带动发展要素整合、高端资源汇聚、产业功能提升。以促进业态多元化、场景主题化、体验多样化、产品特色化为主旨，通过集聚生态、链接产业、产业运营、融合运营需求，为高阳县创新型企业提供应用场景和新载体，打造融合商务、旅游、文化、产业等功能的发展平台，通过创新与数字化场景植入，带动产业全过程数字化升级，通过绿色技术推广推动园区全过程绿色化转型，全面激发区域创新力、提升发展承载力，构建产业发展的要素市场，通过高标准"筑巢"，推进高质量"引凤"，从而进一步带动周边产业集群式发展。打破传统纺织商贸的时间和空间界限，打通场景与消费，营造可直播、可展示、可接待的多元纺织服务场景，为城市提供城市数字会客厅，展示城市特色资源、城市文化、城市形象、城市企业产业发展，为市民游客提供智慧生活体验空间和个性化消费场所。

3）以有机更新、场景思维贯通，带动区域功能优化和风貌提升

注重低投入、出效果，低成本、高收益，围绕"充分利用现状、充分利用色彩、充分利用亮化、充分利用活动、充分利用市场"五大维度，以有效举措焕发城市新颜值、带动区域功能优化、增强城市活力。通过有机更新、场景思维贯通，以"留改拆建"结合的方式提升改造老旧纺织商贸城。通过风貌更新、业态更新、功能更新，打造集合产业展示、活动举办、商贸推广、创意设计为一体的国际纺客风情园，满足县域产业高质量发展的需求，构建县域经济优势产业的产品市场，实现由练外功向练内功转变。以打造"小而精致的平原县城"为目标，对接雄安国际化高标准的城市建设，以"补丁上绣花"的巧思，把城市微更新当作自家装修去设计、去施工，精心做好每一个细节，力求达到最佳施工效果；围绕建筑物色彩搭配、整体视觉效果等方面，采用统一设计、统一建设、统一管理方式，增强城市风貌的整体协调性；积极补足基础设施薄弱的短板，在道路亮化、停车空间、城市小品等方面做好便捷提升，利用零散、废弃等城市消极空间打造体育、文化、休闲空间，精雕细琢城市小绿地和坑塘，打造口袋公园，营造美丽宜居的城区生活环境，满足人民对美好生活的向往。

4）赋值水绿空间，促进四生融合发展，实现价值转换

坚持绿色可持续理念，发挥生态优势，放大生态效益，以保护生态环境为前提，以统筹人与自然和谐发展为准则，依托现状良好的自然生态环境和独特的人文本底，注重原生景观保留，采取生态友好改造方式，通过河道治理、生态环境改

造、水资源保护、水生态构建等手段，在提升河道及周边防洪排涝功能的同时，保障白洋淀及上游流域水安全，完善城市休闲功能。力求促进周边村庄和城市生活区的生态环境改善，不断优化高阳县生产环境、生活环境、生态环境，结合大众需求打造郊野休闲活动场所，营造文脉、生态、业态交互体验，生命、生产、生活、生态融合发展的美丽图景。

2.项目改造对比

高阳县孝义河沿线有机更新与系统提升项目改造对比如图11.1～图11.5所示。

（a）场地原貌

（b）规划设计效果图

（c）项目完工实景图

图11.1 孝义河生态治理与景观提升改造示意图

（a）场地原貌

（b）规划设计效果图

（c）项目完工实景图

图11.2　孝义河生态治理与景观改造提升中休闲节点示意图

（a）场地原貌

（b）规划设计效果图

（c）项目完工实景图

图11.3　低效用地盘活项目——巾巾乐道产业育城中心项目示意图

（a）场地原貌

（b）规划设计效果图

（c）项目完工实景图

图11.4　存量建筑更新项目——纺织商贸城改造项目示意图

（a）场地原貌

（b）规划设计效果图

（c）项目完工实景图

图11.5　街道微更新项目示意图

第二部分　工程创新实践

一、管理篇

1.项目组织形式与管理模式

在进行孝义河沿线有机更新与系统提升的过程中，泛华建设集团有限公司作为全过程咨询单位，采用"甲乙丙丁＋政府"的工作模式，以"平台公司投资主导、EPC联合体总承包、职能部门专业把控、属地单位协调管理"的组织管理模式，实现了对资金、质量、进度、流程等多方面的切实把控。

在平台公司投资主导方面，重点通过多元主体建设加大市场运作、培育经营性业务提升变现能力、整合资源激发经济活力三大方面实现地方平台公司的多样化发展，保障后续项目的持续落地。

在EPC联合体总承包方面，创新采用EPC设计施工总承包模式，将设计采购施工进行统筹考虑，保证呈现效果，同时选取熟悉当地环境的建设单位作为联合体进行合作，形成强大合力，并以顶层设计与系统策划作为纲领对EPC工程进行全面统筹，督促施工部门前置参与设计工作、设计部门后置指导建设施工，最大程度减少由于沟通不畅导致的项目落地问题。

在职能部门专业把控方面，通过实行项目策划生成机制、上门服务机制、项目会诊制度实现"部门联动做加法"；通过压减申报材料、优化审批流程、精简审批手续、提高审批效率、优化备案服务、无感审批模式等方面实现"项目流程做减法"；通过选择合适模式、构建统一调度机制、指定多部门现场协调机制等方面实现多部门配合下的专业把控。

在属地单位协调管理方面，通过构建清晰的权责清单和工作路径，充分发挥属地优势、提升发展软实力等方面放大属地管理优势；通过构建权责清单的动态管理机制、交办事项的准入制度、监督与责任追究机制形成管理规范。

2.技术创新激励机制

在项目的设计、实施过程中，引导并鼓励各团队使用在绿色、低碳、环保等方面的创新方法和技术，包括但不限于科学技术、知识产权、技术标准、科研论文、科技著作、工艺手法等，对成功落地的团队给予研发投入奖励、股权激励、现金奖励等内部激励，提升集团创新水平和技术能力。

二、技术篇

成果一："留改拆建"并举推动有机更新，实现产业新空间转变

在前期顶层设计的引导下，场景思维被广泛运用到高阳县各项目节点中，为在满足使用功能的前提下，最大程度降低建造成本，创新运用布展思维，代替建设思维，融入并整合了多种功能。在更新实践中通过城市总体场景、城市重点片区场景、产业生产、经济活动、日常生活等多层次城市场景营造方面的思路创新，将高阳县纺织文化、红色文化、非遗文化、美食文化等在地文化进行充分的展现。总体把握区域全景营造总体思路，在宏观、中观、微观多方位场景，工业、商贸、生态多角度场景，全域、周边、县域多层次场景，数字、健康、生态多方面场景共同发力，助力"世界纺客目的地"区域品牌的树立。

存量建筑更新，营造新业态新场景。"留改拆建"并举的更新手法，坚持用地边界不变，尽量保留街巷布局及尺度肌理、建筑主体，采取地毯式摸排、走亲式入户、车轮式谈判等方式对私搭乱建和不符合未来发展功能的低效场地和死角场地进行拆除，运用布展思维对建筑的交互展示界面着重进行改建并赋予展示、交互等新的使用功能，改造盘活老旧商业空间，推动既有生产空间向新型产业空间转变，重塑活力商业印象。关注业态导入和空间品质，关注民生改善和环境提升，设计优化原纺织商贸城，通过建筑氛围改造、街道景观提升、亮化美化、墙体美化等升级手段，同步引导带动商户自发改造店面门口，引入符合新生活需求的消费业态、休闲业态、娱乐业态、互动体验业态进驻，打造特色风情街区，改造新建时尚体验与都市生活融合的多维乐活商业空间、夜经济复合空间、文化节庆活动空间和上下线产品发布空间，打造时尚的全新商贸空间印象，通过空间优化和基础设施提升来满足新的经济活动的需要。

成果二：微更新与轻改造结合，微更新＋充分利用

为实现"效果最大化，投资最小化"，在谋划前期将"充分利用现状、充分利用色彩、充分利用灯光、充分利用活动、充分利用市场"作为五大设计原则，结合织补性基础设施提升，对所有城区更新项目进行统一策划。充分利用现状，不做过度设计、过度建设、重复建设，充分利用地形、地貌、植被进行绿化美化，对具有利用条件的场地、现有建筑和设施进行改造更新和合理利用，避免重复施工造成浪费。充分利用色彩，通过对县城进行增彩增色，推动形象提质提颜。在景观打造中，尊重现实情况，在林下配合投入较少的草花组合等色彩丰富的植物进行点缀，

以形成最好的观感。对纺织商贸城翻新时运用暖色调进行点缀，提升商客购买欲。充分利用亮化，通过科学设计、合理运用灯光，打造城市夜景，点亮城市的新"颜值"。将涵洞、重点植株、主要道路、重点建筑、重点构筑物进行光影打造，营造节日场景，烘托氛围。充分利用活动，在更新建设公共空间时结合活动需求进行打造，依托新建城市公共景观，开展系列群众健康、消费、娱乐活动，既丰富了群众生活，又提升了城市内涵。充分利用市场，对城建项目实行市场化运作，既缓解了政府投资的压力，又为投资方带来了可观的效益。在更换果皮箱、道路指示牌、电视塔亮化利用等方面，与社会资本方合作，由社会投资方投放广告、获取收益。在场景营造和布展过程中，充分引导本地市场中愿意参与的公司、个人，合理利用特色产品，既能对品牌进行宣传，又能节约成本。

以景识城，提升城市形象，点亮城市魅力。结合区域产业发展特色，配合高阳县全新城市 LOGO 标识景观雕塑，在空间设计中延续城市标志性门户景观，做好高速出入口亮化和景观提升，打造文旅、商贸、生态、农机四大主题门户，彰显高阳县新城建设的蓬勃面貌。同时做好门户及周边环境提升工程，升级打造集功能性和景观性为一体的、具有高阳特色的城市空间。

成果三：秉承生态优先原则，专注精细化设计

孝义河段沿途树木茂密、河水清澈，具有良好的生态本底。因此在设计中充分秉承生态优先的原则，尊重自然本底，在项目前期阶段通过精细化勘察为重点地段、重点树木进行了逐一标记，将工程设计做到最优，尽可能选取树木种植较为疏散的位置进行设计建设，保证树木砍伐的最小化，同时利用局部补植和移栽的方法代替大面积的树木种植，减少不必要的投入。在靠近孝义河一侧减少栈道等构筑物设计，最大程度保留原始河岸风光，同时也避免了由于构筑物的设计所带来的河水污染、影响行洪等问题。在滨水植物的选择上，既要兼顾观赏性和经济性，还要在固土护坡、净化水质方面呈现较好效果，选用湿生植物、浮叶植物、沉水植物，以强大的根系固土，抑制暴雨径流对驳岸形成冲刷和伤害。在项目场地地形塑造、河堤抬高加固、路基回填等需要土方工程的方面，就近使用处理后的河道清淤弃土，变废为宝为工程循环利用，既减轻了弃土消纳压力，又节约了工程成本。

成果四：集成运用绿色技术，创新打造城市更新范例样板

孝义河沿线更新建设工程受白洋淀流域综合治理的要求，积极开展绿色技术创新攻关和示范应用创新，围绕污染防治、防洪排涝、生态修复、水源涵养、资源节约和循环利用等方面绿色技术，大胆试验推广有基础性、系统性的关键共性技术、现代工程技术等先进适用的技术。在生态步道设计方面，在靠近耕地和河道生态管

控区域及周边区域（即环境不允许修混凝土或沥青路的区域），利用沙土固化技术打造生态路，使道路和周边的草木等自然景观融为一体。这一做法在提高建设质量的同时，可节省材料成本、降低施工碳排放、缩短工期，实现了固废高值化利用规模化处置，经济实用又不破坏生态，不用时还可以复土还田，取于自然用于自然。在休闲设施的设计建造上，融合水、空气、土壤、能源全概念集约绿色环保创造理念，通过被动房和动态冰浆冷热双蓄供能系统的应用，可实现夏季制冷的同时通过热回收供应生活热水、冬季营造雪景观赏的同时进行供暖供热、春秋季制取生活热水的同时产生冰块用于周边农产品储运，展示了生命、生活、生产、生态的全景图应用场景。在巾巾乐道产业育城中心和纺织商贸城的更新中，适度结合了海绵城市的相关理念，选用可透水铺装材料，将景观绿化面积最大化以增加渗透和含水层回补，除主干道外，硬质景观（人行道、停车场、街边停车区）采用可渗透铺路材料。在雨水利用方面，将雨水直接利用与间接利用相结合，充分利用绿地滞留净化雨水，优先采用源头控制措施，通过分散化、小型化、低成本的雨水控制利用设施，如有植被的排水沟、渗透型花坛等形式，尽量在源头净化、收集和利用雨水。采用经济、适用的雨水控制利用措施，充分利用场地自然条件和现有设施进行更新改造。

成果五：运营前置参与，保障项目建设及落地运营

在各类城市更新项目的初期谋划、规划阶段，始终将提升高阳县城市运营能级、优化城市功能和运行方式作为目标之一。通过带动后期运营单位提前参与到项目的筹备过程中的方式，为项目建设和有效运营奠定了良好的基础。在规划过程中，以城市运营视角调研县域资源，加强基础设施建设、城乡资源整合、片区更新、城市营销等方面的配套完善，提升高阳县在区域协同一体化发展中进行资源优化配置的能力，活化城市存量空间以带动资源价值提升，推动城市核心区的优化与边缘区的扩展，重塑城市生产场景、生活场景，为项目投产运营提供增值的基础和发展环境，进而带动城乡高质量发展。

树立全过程前端控制思想，以规划引领、设计拉升、运营支撑等要素进行保障，以运营思维打通内在联系，提升可操作性、可落地性、可执行性。坚持规划设计与运营管理前期联动，有效地将前期设计文本中的工作内容与后期建立在真实建筑空间上的工作相结合，优先完善城市配套与服务，营造项目运营环境，保障项目建设空间最优利用，让蓝图变为现实，为建筑赋予生命，减少设计返工，节省投资成本，杜绝空间使用的不合理，优化资金投入，保障项目运营实现收益，推动可持续发展。

因地制宜，统筹资源，明确业态和产品，在设计初期阶段，将规划中所涉及的业态、品牌需求进行补充，从而为项目后续运营提供优质商家保障。让运营团队提前

介入到策划过程中，协助优化丰富产品的内容和建设要点，必要时还要针对运营团队的产品和诉求，反过来调整产品定位及功能。在国际纺客风情园的业态导入与布局过程中，通过分析不同人群的需求，展现设计的思路，使得业态能够满足各类游客的需求。国际纺客风情园通过运营前置指导，对客群、产品、价格、品牌宣传、渠道营销做了深度分析，最终形成了可吃、可逛、可玩、可乐、可互动、可体验、可消费、可享受的科学业态组合，在设计中充分考虑后期运营维护成本优化设计细节，保障项目在后期运营过程中能够实现持续增长盈利与稳定现金流，实现"开园即开业"。

成果六：注重重大活动带动，以需求升级带动更新迭代

做精以文化旅游体育为主的特色活动，挖掘城市新内涵，释放夜经济潜力、拉动内需消费。做强以产业发展为主的事件活动，引爆城市新价值，汇聚行业关注度，带动产业品牌形象树立。通过重大行业活动、文体赛事、节事活动和"首发""首秀"活动的举办，积极推动产业服务、会展、文旅、商贸等相关配套服务业发展，全面提升区域转型城市综合服务商所必须具备的接待、组织、运营等综合服务能力，以活动需求升级带动城市功能更新和城市建设迭代升级。

第三部分　总结

一、综合效果及示范效应

1. 绿色化、特色化更新模式的示范效应

创新采用全过程咨询引领全生命周期建设下，多模式并举与多元主体参与的县域城市有机更新模式，实现了对项目的统筹把握，将"内修式微更新""布展思维""四生融合""五个充分利用"等系列绿色化、特色化发展模式深植于城市更新的各个环节，在节约成本、节约工期的基础上，得到了超预期的效果，顺利完成了第四届保定市旅游产业发展大会的承办工作。在此过程中，集团内部团队衔接以及与政府部门创新对接方式的应用，为全过程咨询的组织模式提供了丰富的实践经验，充分实践了"甲乙丙丁+政府"的工作模式。

2. 国际化、时尚化县域品牌的示范效应

高阳县孝义河沿线有机更新和孝义河提升项目是高阳县作为河北省县城建设样板培育县在城市更新方面的一次重要尝试，是雄安新区周边县区践行生态文明理念，推动"构建纺织产品市场、要素市场"等以服务特色产业高质量发展为核心的

城市更新思路的创新经验总结。依托第四届保定市旅游产业发展大会举办的契机，高阳县一举打响"世界纺客目的地""织梦高阳、巾赢天下""雄挺高阳""牛郎织女大文章"等系列高阳县品牌，推动了高阳县本地品牌、区域品牌的国际化，大幅提升了高阳县在省、市范围内的首位度和美誉度。

3. 绿色化、集群化产业带动的示范效应

高阳县作为雄安新区"南大门"，特色产业、城市建设绿色化发展是必由之路，高阳县的城市更新模式是基于特色产业绿色化、集群化发展的城市更新，在进行基础设施更新、风貌提升、生态提升等过程中，是对产业集群化、集群基地化、基地园区化、园区社区化的新型城镇化模式的践行，围绕这一理念，全面带动高阳县环城水系、生态印染产业园、十里经湾、十里绿韵、循环经济产业园提质等系列绿色生态工程的落地。

二、经济效益及社会环境效应

高阳县城市更新在旅游产业发展大会的背景下，在半年时间内取得了以龙湖片区、老城片区、凤湖片区为载体的城市风貌提升、城市功能完善、城市生态修复的丰硕成果，更新成效显著。2021年，被市委、市政府评为"2021年度工作实绩突出单位"，2022年，被评为"保定市2022年度城市'新颜值'先进集体"。2022年，被选为城市更新样板示范县，积极发挥全生命周期管理、多模式并举与多主体参与的示范带动作用，构建以系统化思维为主导的城市更新策略。高阳县也成功集齐省级文明县城、园林县城、洁净城市、卫生县城、森林城市五张省级"城市金名片"，2023年11月，获评"2022—2023年度河北省人居环境进步奖"。积累了诸多活力街区打造、城市生态修复、城市功能完善的丰富经验，并在省市范围内得到广泛推广。

城市更新助力城市面貌提升，带动区域价值升级，为高阳县赢得了诸多发展机遇，其中，承办了包含第六届中国纺织非遗大会在内的各类型产业大会10余场，推动了招商引资和重大项目落地，扩大了区域影响力，强化了城市建设，促进了县域高质量发展。

通过城市更新助力集群化发展，构建高阳县产品市场和要素市场，补足商贸服务、平台建设功能，优化了产业生态，带动了区域经济整体向好发展。2021年，全县地区生产总值增长7.2%，固定资产投资增长8%；2022年，全县地区生产总值增长5%，固定资产投资增长10.1%；2023年，全县地区生产总值增长6.2%，固定资产投资增长12.9%，整体呈现平稳增长，加速了以纺织、农机等主导产业的蝶

变升级。2023年，高阳县入选中国家纺区域品牌试点地区与工业和信息化部2023年度中小企业特色产业集群，并被中国家纺协会评为"中国家纺（毛巾）研发基地"，中国纺织工业联合会评估"高阳毛巾"区域品牌价值为人民币519.8亿元，品牌强度为805.6。

专家点评

本案例针对高阳县孝义河沿线有机更新的全生命周期的管理问题进行分析，立足管理过程中的重难点，因地制宜，在充分利用现状的基础上，开展系列更新建设活动，优化了城市生态，提升了城市风貌，完善了城市功能，带动了产业发展，改善了人居环境，高度契合国家城市更新战略，对促进县域城市建设、带动县域产业发展、推动县域经济高质量发展具有重要意义。

城市更新带动集群化发展，促进区域品牌打造。在旅游产业发展大会谋划的背景下，城市更新深度结合产业发展需要，通过园区功能升级、商贸城业态更新、产业空间拓展等措施，促进了纺织产业的产品市场、要素市场的建设，带动了品牌国际化、时尚化升级，从而打响了"世界纺客目的地""织梦高阳、巾赢天下""雄挺高阳""牛郎织女大文章"等系列高阳县品牌，在城市更新促进区域品牌打造方面提供了借鉴。

运用文化元素，结合功能更新，助力文旅建设。充分利用"场景打造"的更新手法，在景观小品、城市风貌、场景营造等领域运用了色彩、符号等文化元素，提升了城市文化氛围；结合功能升级、业态更新等方面注重文化交流发展的需求，补足了休闲、餐饮、住宿、品牌展示等文旅体验功能，拓展了文旅消费新场景，提升了城市文化体验，带动了城市更新与文旅融合，巩固了以纺织业和商贸服务业为主的文化旅游城市的定位，在城市更新的文化要素应用方面提供了借鉴。

发挥全过程多维度的管理优势，保障项目实施落地。泛华建设集团有限公司充分发挥"甲乙丙丁＋政府"的工作模式，结合多模式并举与多主体参与的发展思路，形成了多角度高度集成的管理优势及高质高效的项目运营机制，保障了项目的顺利有序推进。采用"平台公司投资主导、EPC联合体总承包、职能部门专业把控、属地单位协调管理"的组织管理模式，能够充分地对项目的资金、质量、进度、流程产生的问题进行干预和解决，提升了工作效率，保障了预期效果，在城市更新项目运营方面提供了管理模式的借鉴。

　　紧扣发展需求，更新功能业态，带动产业服务。在对闲置空间的更新建设和商贸城的存量更新中，深度结合产业发展需求，通过新业态植入、新功能融合，为产业的多元化、特色化发展提供服务保障；通过新平台的构建，促进发展要素聚集和动能汇聚，为产业服务的完善和产业生态的构建提供了良好的发展环境，在城市更新带动产业服务功能完善的实施途径方面提供了借鉴。

　　在对河道沿线生态修复的过程中，秉承生态优先原则，专注精细化设计创新绿色技术应用，实现了水环境改善、城市休闲活动空间优化、堤坡抗洪排蓄能力提升，带动了河道周边产业园区的绿色转型升级的一举多得，既提升了城市环境品质，又充分释放了环境价值。整体城市水绿生态廊道的建设打通了与雄安的链接通道，同时疏通了与雄安新区人流、物流、信息流交互的堵点，在城市更新生态修复方面提供了借鉴。